·建设行业监理人员培训教材·

监理员 专业管理实务

山东省建设监理与咨询协会　组织编写

中国建筑工业出版社

图书在版编目（CIP）数据

监理员专业管理实务 / 山东省建设监理与咨询协会
组织编写. —北京：中国建筑工业出版社，2022.9（2024.6 重印）
建设行业监理人员培训教材
ISBN 978-7-112-27697-4

Ⅰ. ①监…　Ⅱ. ①山…　Ⅲ. ①建筑工程–施工监理–
技术培训–教材　Ⅳ. ①TU712.2

中国版本图书馆CIP数据核字（2022）第137653号

近年来，我国工程建设领域法制建设不断完善，新法规、新规范、新标准、新技术层出不穷，工程监理实践经验不断丰富。为不断提高监理员的专业技术水平与管理能力，全面掌握系统知识，山东省建设监理与咨询协会组织编写了《监理员专业管理实务》一书。

本书主要包括见证取样和送检、实测检查、巡视检查、旁站监理、工程量核实与进度核查、资料管理、装配式整体式混凝土建筑监理要点等内容。本书既可作为建筑施工企业监理员的培训用书，也可作为建筑施工技术人员的学习参考资料以及院校相关专业师生的教学参考用书。

责任编辑：葛又畅
责任校对：党　蕾

建设行业监理人员培训教材

监理员专业管理实务

山东省建设监理与咨询协会　组织编写

*

中国建筑工业出版社出版、发行（北京海淀三里河路9号）
各地新华书店、建筑书店经销
北京鸿文瀚海文化传媒有限公司制版
北京圣夫亚美印刷有限公司印刷

*

开本：787毫米×1092毫米　1/16　印张：9　字数：206千字
2022年9月第一版　2024年6月第五次印刷
定价：33.00元
ISBN 978-7-112-27697-4
（39821）

本书编审委员会

主任委员: 徐友全

副主任委员: 陈 文 王东升

编写成员: 张济金 张 雷 屈增涛 吴 民 郑付波
程煜东 高志强 刘贞刚 赵继强 韩 宇
李 建 王志伟 鲍利珂 王亦军 仪 朴
王丽萍 杜 鹏 宋志胜 苏传刚 段 丽
刘 涛 张 泽

审查委员: 李虚进 陈 刚 孙建辉 李 雪

主编单位: 山东省建设监理与咨询协会
山东恒信建设监理有限公司

参编单位: 山东建筑大学
营特国际工程咨询集团有限公司
山东省建设监理咨询有限公司
济南中建建筑设计院有限公司
山东贝特建筑项目管理咨询有限公司
山东同力建设项目管理有限公司
山东胜利建设监理股份有限公司
山东天柱建设监理咨询有限公司
兆丰工程咨询有限公司
清华青岛艺术与科学创新研究院
青岛华海理工专修学院
山东新世纪工程项目管理咨询有限公司
山东恒信建筑设计有限公司
青岛信达工程管理有限公司
山东世纪华都工程咨询有限公司
港投工程咨询有限公司
中杰齐晟项目管理有限公司
潍坊天鹏建设监理有限公司

前 言 ▶▶

在建筑工程施工阶段，监理员是项目监理机构中从事具体监理工作的人员，对施工操作过程进行监督与管理。近年来，我国工程建设领域法制建设不断完善，新法规、新规范、新标准、新技术层出不穷，工程监理实践经验不断丰富。为不断提高监理员的专业技术水平与管理能力，全面系统掌握知识，我们根据有关法律、法规，以及规范、标准和规程，针对建筑工程施工特点和监理员岗位工作实际需要，并结合实践经验编写了本书。

本书包括见证取样和送检、实测检查、巡视检查、旁站监理、工程量核实与进度核查、资料管理等内容，力求向监理员提供一本实用性、前瞻性、可操作性强的参考用书。鉴于目前装配式建筑在全国大力推广应用，第七章编写了装配式整体式混凝土建筑监理要点，以供监理员学习和掌握。

限于编者的水平和经验，本书难免存在不足，恳请读者提出宝贵意见，以便今后进一步修订完善。

目 录 ▶▶

第一章 见证取样和送检 ···················· 1

第一节 概述 ···················· 1
第二节 见证取样和送检的范围、程序和相关要求 ············ 2
　　一、见证取样和送检的范围 ············ 2
　　二、见证取样和送检的程序 ············ 2
　　三、见证人员的基本要求和主要职责 ············ 4
第三节 常用建筑材料进场复验项目与取样规则 ············ 5
　　一、建筑结构材料 ············ 5
　　二、墙体材料 ············ 10
　　三、建筑功能材料 ············ 12

第二章 实测检查 ····················18

第一节 概述 ····················18
第二节 实测检查的内容、职责和流程 ············18
　　一、实测检查的内容 ············18
　　二、实测检查的职责 ············19
　　三、实测检查的流程 ············20
第三节 实测检查的抽样 ············22
　　一、抽样方案 ············22
　　二、抽样原则 ············22
　　三、抽样判定 ············23
　　四、施工工序实测检查记录 ············24
第四节 常用工器具的管理及使用 ············25
　　一、常用工器具的管理 ············25

　　　二、常用工器具的使用 ································· 25

　第五节　施工现场实测检查内容 ················· 31

　　　一、施工控制测量成果复核 ····················· 31

　　　二、工程常用材料现场量测 ····················· 33

　第六节　建筑工程常用实测检查方法 ········· 40

　　　一、主体结构工程 ································· 40

　　　二、机电安装工程 ································· 44

　　　三、装饰装修工程 ································· 44

第三章　巡视检查 ································49

　第一节　概述 ····································· 49

　第二节　日常巡视检查 ··························· 49

　　　一、工序施工质量巡视检查 ····················· 50

　　　二、建筑施工安全巡视检查 ····················· 51

　　　三、文明施工 ····································· 54

　第三节　危大工程专项巡视检查 ················· 55

　　　一、危大工程专项巡视检查的主要内容 ········· 55

　　　二、危大工程专项巡视检查要点 ················· 57

第四章　旁站监理 ································64

　第一节　概述 ····································· 64

　第二节　旁站监理的工作程序和职责 ··········· 65

　　　一、旁站监理的工作程序 ······················· 65

　　　二、旁站监理的职责 ··························· 65

　第三节　旁站监理的方法和要点 ················· 66

　　　一、旁站监理的方法 ··························· 66

　　　二、旁站监理的要点 ··························· 66

　第四节　旁站监理记录要求及示例 ··············· 68

第五章　工程量核实与进度核查 ·············70

　第一节　概述 ····································· 70

　第二节　工程量核实 ····························· 71

　　　一、工程量核实的依据 ························· 71

　　　二、工程量核实的原则 ························· 71

　　　三、工程量核实的程序 ························· 71

　　　四、经济签证中的工程量核实 ················· 72

五、工程量计算规范 …………………………………………… 73

第三节　进度核查 ………………………………………………… 73

一、进度核查的程序 …………………………………………… 73

二、进度核查的工作方法 ……………………………………… 74

第六章　资料管理 ………………………………………………… 75

第一节　概述 ……………………………………………………… 75

第二节　文件资料内容及管理要求 ……………………………… 75

一、文件资料内容 ……………………………………………… 75

二、监理文件资料管理要求 …………………………………… 76

三、监理文件资料的形成 ……………………………………… 76

四、监理文件资料的收发与登记 ……………………………… 77

五、监理文件资料的传阅与登记 ……………………………… 78

六、组卷、编目 ………………………………………………… 78

七、监理文件资料的分类存放 ………………………………… 80

八、监理文件资料的移交 ……………………………………… 81

第七章　装配式整体式混凝土建筑监理要点 ………………… 82

第一节　概述 ……………………………………………………… 82

一、国内常用装配式建筑的结构体系 ………………………… 82

二、装配式建筑监理工作基本要求 …………………………… 83

第二节　装配式建筑材料与构件 ………………………………… 84

一、装配式建筑主用材料 ……………………………………… 84

二、装配式建筑主要结构构件 ………………………………… 85

三、装配式建筑主要围护构件 ………………………………… 90

第三节　预制构件的连接 ………………………………………… 92

一、监理要点 …………………………………………………… 92

二、关键节点连接施工技术 …………………………………… 93

第四节　装配式建筑施工流程及巡视要点 ……………………… 98

一、预制柱施工流程及巡视要点 ……………………………… 98

二、预制梁施工流程及巡视要点 ……………………………… 99

三、预制剪力墙施工流程及巡视要点 ………………………… 100

四、预制楼（屋）面板施工流程及巡视要点 ………………… 102

五、预制楼梯施工流程及巡视要点 …………………………… 103

六、预制阳台、空调板施工流程及巡视要点 ………………… 104

七、预制外墙挂板施工流程及巡视要点 ……………………… 105

八、预制内隔墙施工流程及巡视要点 ………………………… 106

附录 A　房屋建筑工程监理工作清单 ················· 112

附录 B　施工阶段安全分部分项监理工作清单 ············· 130

附录 C　起重机械及自升式设施监理工作清单 ············· 132

参考文献 ······················· 134

第 一 章　见证取样和送检

第一节　概述 ▶▶

在工程施工过程中，为控制工程总体或相应部位的施工质量，相关人员要依据有关技术标准，用特定的方法，对用于工程的材料或构件抽取一定数量的样品，进行检测或试验，并根据其结果来判断其所代表部位的质量。这是控制和判断工程质量水平所采取的重要技术措施。试块和试件的真实性和代表性，是保证这一措施有效的前提条件。

为保证工程质量，国务院颁布的《建设工程质量管理条例》第三十一条规定，施工人员对涉及结构安全的试块、试件以及有关材料，应当在建设单位或者工程监理单位监督下现场取样，并送具有相应资质等级的质量检测单位进行检测。此后，住房和城乡建设部于2000年制定并颁布了《房屋建筑工程和市政基础设施工程实行见证取样和送检的规定》（建建〔2000〕211号），我国建筑工程材料进场检验中的"见证取样和送检"制度由此形成。

见证取样和送检是指在建设单位或工程监理企业人员的见证下，由施工企业的试验人员按照国家有关技术标准规范的规定，在施工现场对涉及工程结构、安全节能环保和主要使用功能的试块、试件及材料进行随机取样，并送至具备相应检测资质的检测单位进行检测的活动。

2005年11月起施行的《建设工程质量检测管理办法》第四条规定，检测机构是具有独立法人资格的中介机构。检测机构从事规定的质量检测业务，应当取得相应的资质证书。该文件明确了见证取样检测机构的资质条件和业务范围，进一步加强了对见证取样和送检工作的管理，规范了建设工程质量检测行为。

见证取样和送检主要是为了保证技术上符合标准要求，如取样方法、数量、频率、规格等。此外，还要从程序上保证该试块和试件能真实地代表工程或相应部位的质量特性，以求对工程及实物质量做出真实、准确的判断，防止假试块、假试件和假试验报告。见证取样和送检工作作为建设工程质量检测的重要内容，对提高工程质量、杜绝不合格材料进场起到了重要作用。见证取样和送检不仅是为建设工程质量检测工作真实、准确、公正、科学地反映建设工程质量而提供技术数据和科学依据，更是建设工程安全运营的重要手段和有力保障。

第二节 见证取样和送检的范围、程序和相关要求 ▶▶

一、见证取样和送检的范围

1.《建筑工程施工质量验收统一标准》GB 50300—2013规定

（1）建筑工程采用的主要材料、半成品、成品、建筑构配件、器具和设备应进行进场检验。凡涉及安全、节能、环境保护和主要使用功能的重要材料、产品，应按各专业工程施工规范、验收规范和设计文件等规定进行复验，并应经监理工程师检查认可。

（2）对涉及结构安全、节能、环境保护和主要使用功能的试块、试件及材料，应在进场时或施工中按规定进行见证检验。

（3）符合下列条件之一时，可按相关专业验收规范的规定适当调整抽样复验、试验数量，调整后的抽样复验、试验方案应由施工单位编制，并报监理单位审核确认：

1）同一项目中由相同施工单位施工的多个单位工程，使用同一生产厂家的同品种、同规格、同批次的材料、构配件、设备；

2）同一施工单位在现场加工的成品、半成品、构配件用于同一项目中的多个单位工程；

3）在同一项目中，针对同一抽样对象已有检验成果可以重复利用。

2. 建设主管部门有关规定

住房和城乡建设部《房屋建筑工程和市政基础设施工程实行见证取样和送检的规定》（建建〔2000〕211号）第五、六条规定，涉及结构安全的试块、试件和材料见证取样和送检的比例不得低于有关技术标准中规定应取样数量的30％。下列试块、试件和材料必须实施见证取样和送检：

（1）用于承重结构的混凝土试块；

（2）用于承重墙体的砌筑砂浆试块；

（3）用于承重结构的钢筋及连接接头试件；

（4）用于承重墙的砖和混凝土小型砌块；

（5）用于拌制混凝土和砌筑砂浆的水泥；

（6）用于承重结构的混凝土中使用的掺加剂；

（7）地下、屋面、厕浴间使用的防水材料；

（8）国家规定必须实行见证取样和送检的其他试块、试件和材料。

二、见证取样和送检的程序

工程建设单位或监理单位须配备足够的见证人员来负责工程现场的取样、见证及送检工作。通常情况下，见证取样和送检的一般程序和要求如下：

（1）见证人员经过培训并由所在项目负责人书面授权后，方可开展工作。授权书要写明见证人员的身份信息，由建设单位或委托监理单位书面告知承担见证试验的工程质量检测单位和质量监督机构备案（表1-1）。见证人员发生变化时，履行变更程序并及时将变更信息书面告知有关单位。

（2）施工单位按照规定制定检测试验计划，配备取样人员，负责施工现场的取样工作，并将检测试验计划报送监理单位批准后实施。监理单位制定相应的见证取样和送检计划以及见证取样实施细则。实施细则应当包括材料进场报验、见证取样送检的范围和工作程序、见证人员和取样人员的职责、取样方法等内容。

（3）在施工过程中，见证人员按照见证取样和送检计划，对施工现场的取样和送检进行见证，取样人员按照相关规范的要求，完成试块、试件、材料等的取样过程并在试样或其包装上作出标识、封志。标识和封志标明工程名称、取样部位、取样日期、样品名称和样品数量，并由见证人员和取样人员签字。见证人员制作见证记录，并将见证记录归入工程技术档案。

（4）见证取样的试块、试件和材料送检时，见证与取样人员要确保试样从取样到送样全过程可控，共同将试样送至检测机构或采取有效的封样措施送样。送样过程中，不得发生样品损伤、变形、超时等影响正常检测的情况。

（5）试样送检应当送至具有相应资质的工程质量检测单位进行检测。送检时，由送检单位填写委托单，委托单由见证人员和送检人员签字。

（6）监理单位对现场见证取样的检测报告进行符合性审查，审查检测报告是否有缺项及检测数据和结果是否符合设计文件、规范、合同文件等要求。检测报告中应当注明见证人员单位及姓名。

近年来，各省、市陆续制定和发布了见证取样相关的管理规定和办法，开展见证取样和送检工作还应该符合工程所在地的见证取样程序和要求。

见证／取样人员授权书（参考样表）　　　　　　表 1-1

编号：□□□□

工程名称					

致：_____（工程质量监督机构）

　　_____（检测单位一）

　　_____（检测单位二）选填

我单位决定授权下列人员负责本工程的见证/取样和送检工作，并对工程质量承担相应质量责任，请查收备案。

姓名	身份证号码	职称及证书编号	联系电话	被授权人本人签字	类别
					见证□取样□

续表

授权单位	（公章） 年　月　日	授权人	姓名	（签字）	职务/职称	
			执业资格	（执业印章）	电话	
参建单位意见	建设单位项目负责人	（签字） 年　月　日	总监理工程师	（签章） 年　月　日		
	总包单位项目负责人	（签字） 年　月　日	项目经理	（签章） 年　月　日		
	总包单位项目技术负责人	（签章） 年　月　日	分包单位项目经理	（签章） 年　月　日		

说明：1.本书一式五份，工程质量监督机构、检测单位、建设单位、监理单位和施工单位各一份。

2.签订检测合同后5个工作日内，由建设（监理）单位统一汇总，并向工程质量监督机构、检测单位报送本授权委托书。

3.授权委托书后附由本人签名的身份证、职称证复印件；人员名单可加附页，附页应加盖授权单位印章。

4.建设（监理）单位对见证员、施工单位对取样员所报材料的真实性负责。

5.人员变更时，应重新填写并于3日内向有关单位报送本授权委托书。

6.签章即要求本人签字加盖执业印章，总包单位项目负责人担任项目经理时应加盖执业印章。

三、见证人员的基本要求和主要职责

见证人员由工程建设单位或监理单位常驻工程现场的专业技术人员担任，现行《建设工程监理规范》GB/T 50319规定，"进行见证取样"是监理员的职责之一。见证人员的基本要求和主要职责如下：

1. 基本要求

（1）具备建筑施工检测试验知识，熟悉相关法律法规和规范标准，并经过培训。

（2）具有建设单位或监理单位出具的书面授权书。

2. 主要职责

（1）对现场取样的全过程进行见证，督促并确保检测样品从施工现场抽取，且按标准规范的要求制作。取样后在试样或其包装上的标识和封志上签字。

（2）对样品的送检和委托检测进行见证，委托检测时出示身份证明文件并在检测委托单上签字。

（3）核查见证检测的检测项目、数量和比例是否满足有关规定。

（4）填写见证记录，并将见证记录归入工程技术档案。

（5）对试样的代表性和真实性负责。

第三节　常用建筑材料进场复验项目与取样规则 ▶▶

建筑材料见证取样工作主要依据相关法规、规范性文件、技术标准、工程设计文件和合同约定。常用建筑材料进场的复验项目、组批规则、取样数量、试样的制作及取样的方法和要求如下：

一、建筑结构材料

（一）钢筋原材

1. 常用种类

常用种类有热轧带肋钢筋、热轧光圆钢筋。

2. 常规复验项目

常规复验项目为屈服强度、抗拉强度、伸长率、弯曲性能、重量偏差、强屈比、超屈比、最大力总延伸率。

3. 检验方法

（1）组批：钢筋应按批进行检查和验收，每批由同一牌号、同一炉罐号、同一规格的钢筋组成。每批重量应不大于60t。超过60t的部分，每增加40t（或不足40t的余数），增加一个拉伸试验试样和一个弯曲试验试样。

（2）取样：每批5个，从不同根钢筋上截取，每支长度不小于500mm。先进行重量偏差检验，再取其中2个试件进行拉伸试验，检验屈服强度、抗拉强度、伸长率，取其中2个试件进行弯曲性能检验。

强屈比、超屈比、最大力总延伸率为抗震钢筋要求的复验项目，抗震钢筋以反向弯曲性能检测代替弯曲性能检测。

（二）钢筋焊接

1. 常用种类

常用种类有钢筋闪光对焊接头、箍筋闪光对焊接头、钢筋电弧焊接头、钢筋电渣压力焊接头。

2. 常规复验项目

（1）钢筋闪光对焊接头、箍筋闪光对焊接头：拉伸试验、弯曲试验。

（2）钢筋电弧焊接头、钢筋电渣压力焊接头：拉伸试验。

3. 检验方法

（1）钢筋闪光对焊接头、箍筋闪光对焊接头

1）组批：在同一台班内，由同一焊工完成的300个同牌号、同直径钢筋闪光对焊接头应作为一批。当同一台班内焊接的接头数量较少，可在一周内累计计算；累计仍不足

300个接头时，应按一批计。

在同一台班内，由同一焊工完成的600个同牌号、同直径箍筋闪光对焊接头作为一个检验批；如超出600个接头，其超出部分可以与下一台班完成接头累计计算。

2）取样：接头试件应从工程实体中截取。

对于钢筋闪光对焊接头，应从每批接头中随机切取6个接头，其中3个做拉伸试验，3个做弯曲试验。异径钢筋接头可只做拉伸试验。

对于箍筋闪光对焊接头，每个检验批中应随机切取3个对焊接头做拉伸试验。

（2）钢筋电弧焊接头

1）组批：在现浇混凝土结构中，应以300个同牌号钢筋、同形式接头作为一批；在房屋结构中，应以不超过连续两楼层中300个同牌号钢筋、同形式接头作为一批。

2）取样：每批随机切取3个接头，做拉伸试验；在装配式结构中，可按生产条件制作模拟试件，每批3个，做拉伸试验。

在同一批中若有3种不同直径的接头，应在最大直径接头和最小直径接头中分别切取3个试件进行拉伸试验。

（3）钢筋电渣压力焊接头

1）组批：在现浇混凝土结构中，应以300个同牌号钢筋接头作为一批；在房屋结构中，应以不超过连续两楼层中300个同牌号钢筋接头作为一批；当不足300个接头时，仍应作为一批。

2）取样：每批随机切取3个接头，做拉伸试验。

在同一批中若有3种不同直径的接头，应在最大直径接头和最小直径接头中分别切取3个试件进行拉伸试验。

（三）钢筋机械连接

1. 常规复验项目

常规复验项目为极限抗拉强度。

2. 检验方法

（1）组批：抽检应按验收批进行，同钢筋生产厂、同强度等级、同规格、同类型和同形式接头应以500个为一个验收批进行检验与验收，不足500个也应作为一个验收批。

（2）取样：每种规格钢筋接头试件不应少于3根。

（四）预应力筋

1. 常用种类

常用种类有预应力混凝土用钢绞线，预应力筋用锚具、夹具和连接器，预应力混凝土用金属波纹管，水泥基灌浆材料。

2. 常规复验项目

（1）预应力混凝土用钢绞线：抗拉强度、最大总伸长率。

（2）预应力筋用锚具、夹具和连接器：硬度、静载锚固性能（锚具效率系数、总应变）。

（3）预应力混凝土用金属波纹管：径向刚度、抗渗漏性能。

（4）水泥基灌浆材料：最大骨料粒径、截锥流动度、流锥流动度、竖向膨胀率、抗压强度、氯离子含量、泌水率。

3. 检验方法

（1）预应力混凝土用钢绞线

1）组批：每批钢绞线由同一牌号、同一规格、同一生产工艺捻制的钢绞线组成，每批重量不大于60t。

2）取样：在每（任）盘卷中任意一端截取，每批3根。

（2）预应力筋用锚具、夹具和连接器

1）组批：每个检验批的锚具不宜超过2000套，每个检验批的夹具不宜超过500套，每个检验批的连接器不宜超过500套。获得第三方独立认证的产品，其检验批的批量可扩大1倍。

2）取样

硬度：对有硬度要求的锚具零件，应从每批产品中抽取3%且不应少于5套样品（多孔夹片式锚具的夹片，每套应抽取6片）进行检验。

静载锚固性能（锚具效率系数、总应变）：按锚具、夹具、连接器的成套产品抽样，与相应规格和强度等级的预应力筋组装成3个预应力筋-锚具组装件，预应力筋长度应咨询检测单位。

对于锚具、夹具和连接器用量较少的一般工程，如由供应商提供有效的静载锚固性能试验合格的证明文件，可仅进行外观检查和硬度检验。

（3）预应力混凝土用金属波纹管

1）组批：每批应由同一生产厂生产的同一批钢带制造的产品组成。每半年或累计50000m生产量为一批。

2）取样：每一检验批抽取一组试样，径向刚度3件，抗渗漏性能3件。

（4）水泥基灌浆材料

1）组批：每200t为一个检验批，不足200t应按一个检验批计，每一检验批应为一个取样单位。

2）取样：随机从不少于20袋中抽取，总量不少于30kg。

（五）水泥

1. 常用种类

常用种类有通用硅酸盐水泥。

2. 常规复验项目

常规复验项目为凝结时间、安定性、强度。

3. 检验方法

（1）组批：同一厂家、同一品种、同一代号、同一强度等级、同一批号且连续进场的水泥，袋装不超过200t为一批，散装不超过500t为一批，每批抽样数量不应少于一次。

（2）取样

1）散装水泥：所取水泥深度不超过2m时，每一个编号内采用散装水泥取样器随机取样。

2）袋装水泥：每一个编号内随机抽取不少于20袋水泥，采用袋装水泥取样器取样。取样总量不少于12kg。

（六）混凝土

1. 常用种类

常用种类有普通混凝土、轻骨料混凝土、防水混凝土。

2. 常规复验项目

（1）普通混凝土：抗压强度。

（2）轻骨料混凝土：干表观密度、抗压强度。

（3）防水混凝土：抗压强度、抗渗等级。

3. 检验方法

（1）普通混凝土

1）组批：每拌制100盘且不超过100m^3，取样不得少于一次；每工作班拌制不足100盘时，取样不得少于一次；连续浇筑1000m^3时，每200m^3取样不得少于一次；每一楼层取样不得少于一次。

2）取样：每次取样至少留置一组标准养护试件，每组3个试件应由同一盘或同一车的混凝土中取样制作。

同条件养护试件的取样宜均匀分布于工程施工周期内；应在混凝土浇筑入模处见证取样；同一强度等级的同条件养护试件不宜少于10组，且不应少于3组；每连续两层楼取样不应少于1组，每2000m^3取样不得少于一组；冬期施工，应增设不少于两组同条件养护试件，一组用于检查混凝土受冻临界强度，而另外一组或一组以上试件用于检查混凝土拆模强度或拆除支撑强度或负温转常温后强度等。

（2）轻骨料混凝土

1）组批：每拌制100盘且不超过100m^3，取样不得少于一次；每工作班拌制不足100盘时，取样不得少于一次。

混凝土干表观密度试验：连续生产的预制厂及预拌混凝土搅拌站，对同配合比的混凝土，每月不得少于四次；单项工程，每100m^3混凝土的抽查不得少于一次，不足者按100m^3计。

2）取样：取样要求同"（1）普通混凝土"。

（3）防水混凝土

抗渗试件组批及取样：连续浇筑混凝土每500m^3应留置一组6个抗渗试件，且每项工程不得少于两组；采用预拌混凝土的抗渗试件，留置组数应视结构的规模和要求而定。

抗压试件组批及取样要求同"（1）普通混凝土"。

（七）回填土

1. 常规复验项目

常规复验项目为干密度。有压实度设计要求时，其还包括击实试验、压实系数、含水率。

2. 检验方法

（1）在压实填土过程中，应分层取样检验土的干密度和含水率。

基坑每50 ～ 100m² 应不少于1个检验点。

基槽每10 ～ 20m 应不少于1个检验点。

每一独立基础下至少有1个检验点。

对灰土、砂和砂石、土工合成、粉煤灰地基等，每单位工程不应少于3点，1000m² 以上的工程每100m² 至少有1点，3000m² 的工程每300m² 至少有1点。每一独立基础下至少应有1点，基槽每20延米应有1点。

（2）场地平整：每100 ～ 400m² 取1点，但不应少于10点。

注：当用环刀取样时，取样点应位于每层2/3的深度。

（3）在击实试验时，每种类型的土质取样1 ～ 3组进行试验，素土、灰土、砂、粉煤灰地基同一材料不少于20kg（灰土中土和生石灰按比例），砂石地基同一材料应不少于50kg。

（4）分层用四分法取土样，轻型击实试验土样过5mm筛；重型击实试验土样过20mm筛（五层击实）或40mm筛（三层击实）。

（八）钢材

1. 常用种类

常用种类有碳素结构钢、低合金高强度结构钢、低压流体输送用焊接钢管、直缝电焊钢管、结构用无缝钢管、优质碳素结构钢。

2. 常规复验项目

常规复验项目为力学性能、弯曲试验、化学成分、厚度（全截面试件）。

3. 检验方法

（1）组批：钢材应成批验收，每批由同一牌号、同一炉号、同一质量等级、同一品种、同一尺寸、同一交货状态的钢材组成。每批重量应不大于60t。

（2）取样

对截面尺寸小于或等于60mm的圆钢、方钢和六角钢，应在中心切取拉力试验样坯；若截面尺寸大于60mm，则在直径或对角线距外端四分之一处切取。

样坯不需要热处理时，对截面尺寸小于或等于40mm的圆钢、方钢和六角钢，应使用全截面进行拉力试验。当试验条件不能满足要求时，应加工成《金属材料 拉伸试验 第1部分：室温试验方法》GB/T 228.1—2021和《钢及钢产品 力学性能试验取样位置及试样制备》GB/T 2975—2018中相应的圆形比例试样。

样坯需要热处理时，应按有关产品标准规定的尺寸，从圆钢、方钢和六角钢上切取。

圆钢、方钢：应从圆钢和方钢端部沿轧制方向切取弯曲样坯，截面尺寸小于或等于35mm时，应以钢材全截面进行试验。截面尺寸大于35mm时，圆钢应加工成直径25mm的圆形试样，并应保留不大于5mm的表面层；方钢应加工成厚度为20mm并保留一个表面层的矩形试样。

工字钢、槽钢：应从工字钢和槽钢腰高四分之一处沿轧制方向切取矩形拉力、弯曲样坯。拉力、弯曲试样的厚度应是钢材厚度。

角钢、乙字钢、T形钢、球扁钢：应从角钢和乙字钢腿长以及T形钢和球扁钢腰高三分之一处切取矩形拉力、弯曲样坯。

钢板、扁钢：钢板及扁钢厚度小于或等于30mm时，弯曲样坯厚度为钢材厚度；厚度大于30mm时，样坯应加工成厚度为20mm的试样，并保留一个表面层。

（九）拉索、拉杆、锚具

1. 常规复验项目

常规复验项目为屈服强度、抗拉强度、伸长率。

2. 检验方法

（1）组批：对应于同一炉号原材料，按同一轧制工艺及热处理制作的统一规格拉杆或拉索为一批；组装数量以不超过50套件的锚具和索杆为一个检验批。

（2）取样：每个检验批抽3个试件按其产品标准的要求进行拉伸试验。

（十）连接用紧固标准件

1. 常用种类

常用种类有钢结构用高强度大六角头螺栓、钢结构用扭剪型高强度螺栓连接副。

2. 常规复验项目

（1）钢结构用高强度大六角头螺栓：扭矩系数。

（2）钢结构用扭剪型高强度螺栓连接副：紧固轴力（预拉力）。

3. 检验方法

（1）组批：3000套螺栓。

（2）取样：每种规格螺栓按批抽取8套。

二、墙体材料

（一）砌筑水泥

1. 常规复验项目

常规复验项目为强度、安定性。

2. 检验方法

（1）组批：按同一生产厂家、同一等级、同一品种、同一批号且连续进场的水泥，袋装不超过200t为一批，散装不超过500t为一批，每批抽样不少于一次。

（2）取样：应有代表性，可连续取样，也可在20个以上的不同部位取等量样品，总量不少于12kg。

（二）砌筑砂浆

1. 常规复验项目

常规复验项目为抗压强度。

2. 检验方法

（1）组批：每一检验批且不超过250m³砌体的各类、各强度等级的普通砌筑砂浆，每台搅拌机应至少抽检一次。验收批的预拌砂浆、蒸压加气混凝土砌块专用砂浆，抽检可为3组。

（2）取样：在砂浆搅拌机出料口或在湿拌砂浆的储存容器出料口随机取样制作砂浆试块（现场拌制的砂浆，同盘砂浆只应作1组试块），试块标准养护28d后做强度试验，1组3块。

（三）砖

1. 常用种类

常用种类有烧结普通砖、烧结多孔砖、烧结空心砖、空心砌块。

2. 常规复验项目

常规复验项目为强度等级。

3. 检验方法

（1）组批：每一生产厂家，烧结普通砖每15万块为一批，烧结多孔砖每10万块为一批，不足上述数量时按一批计；烧结空心砖与空心砌块每3.5万～15万块为一批，不足3.5万块按一批计。

（2）取样：用随机抽样法，从外观质量检验合格后的样品中抽取试样1组（10块）。

（四）混凝土小型空心砌块

1. 常规复验项目

常规复验项目为抗压强度。用于自保温体系时，其还包括干燥收缩、密度等级、导热系数。

2. 检验方法

（1）组批：同一品种、同一规格、同一等级的砌块，以10000块为一批，不足10000块亦为一批。

（2）取样：从外观与尺寸偏差检验合格的砌块中，随机抽取6块砌块制作试件：

1）抗压强度：100mm×100mm×100mm 3组共9块；

2）干燥收缩：40mm×40mm×160mm 1组共3块；

3）干密度：100mm×100mm×100mm 3组共9块；

4）导热系数：300mm×300mm×25mm ～ 300mm×300mm×30mm 2组共2块。

（五）幕墙用材料

1. 常用种类

常用种类有天然花岗石建筑板材、天然大理石建筑板材、建筑用硅酮结构密封胶。

2. 常规复验项目

（1）天然花岗石建筑板材、天然大理石建筑板材：吸水率（室外）、抗冻性（严寒和寒冷地区）、弯曲强度（幕墙工程）、放射性（室内）。

（2）建筑用硅酮结构密封胶：邵氏硬度、标准条件拉伸粘结强度、相容性试验、剥离粘结性试验。

3. 检验方法

（1）组批：连续生产时每3t为一批，不足3t也为一批；间断生产时，每釜投料为一批。

（2）取样：随机抽样。单组分产品抽样量为5支，双组分产品从原包装中抽样，抽样量为3 ～ 5kg，抽取样品后应立即密封包装。

三、建筑功能材料

（一）钢结构防火涂料

1. 常规复验项目

常规复验项目为粘结强度、抗压强度。

2. 检验方法

（1）组批：可按钢结构安装工程检验批划分为一个或若干个检验批，也可将100t的膨胀型钢结构防火涂料和500t的非膨胀型钢结构防火涂料作为一个检验批。

（2）取样：每使用100t或不足100t薄涂型防火涂料应抽检一次粘结强度；每使用500t或不足500t厚涂型防火涂料应抽检一次粘结强度和抗压强度。

（二）防水卷材

1. 常用种类

常用种类有高聚物改性沥青防水卷材类、合成高分子防水卷材类。

2. 常规复验项目

（1）高聚物改性沥青防水卷材类：可溶物含量、拉力、延伸率、低温柔度、不透水性、热老化后低温柔度（地下工程）、耐热度（屋面工程）。

（2）合成高分子防水卷材类：断裂拉伸强度、断裂伸长率、不透水性、低温弯折性、撕裂强度（地下工程）。

3. 检验方法

（1）高聚物改性沥青防水卷材类：大于1000卷抽5卷，每500 ～ 1000卷抽4卷，每100 ～ 499卷抽3卷，100卷以下抽2卷，进行规格尺寸和外观质量检验。在外观质量检验合格的卷材中，任取一卷做物理性能检验。

（2）合成高分子防水卷材类：检验方法同高聚物改性沥青防水卷材类。

（三）防水涂料

1. 常用种类

常用种类有沥青基防水涂料、合成高分子防水涂料（聚氨酯防水涂料）。

2. 常规复验项目

（1）沥青基防水涂料：固体含量、低温柔度、耐热性、不透水性、断裂伸长率。

（2）合成高分子防水涂料（聚氨酯防水涂料）：断裂伸长率、拉伸强度、低温柔度、不透水性、固体含量。

3. 检验方法

（1）沥青基防水涂料

1）组批：以同一类型、同一规格5t产品为一批，不足5t亦可作为一批。

2）取样：在每批产品中按《色漆、清漆和色漆与清漆用原材料取样》GB/T 3186—2006规定取样，总共取2kg样品，放入干燥密闭容器中密封好。

（2）合成高分子防水涂料（聚氨酯防水涂料）

1）组批：以同一类型、同一规格15t产品为一批，不足15t亦可作为一批（多组分产品按组分配套组批）。

2）取样：在每批产品中随机抽取两组样品，一组样品用于检验，另一组样品封存备用。每组至少5kg（多组分产品按配比抽取），抽样前产品应搅拌均匀。若采用喷涂方式，取样量根据需要抽取。

（四）刚性防水材料

1. 常用种类

常用种类有水泥基渗透结晶型防水材料。

2. 常规复验项目

常规复验项目为抗折强度、粘结强度、抗渗性。

3. 检验方法

（1）组批：以同一类型、同一规格50t产品为一批，不足50t亦可作为一批。

（2）取样：每批产品随机取样。抽取10kg样品，充分混匀。取样后将样品分为两份，一份用来检验，另一份留样备用。

（五）涂料

1. 常用种类

常用种类有水性涂料、溶剂性涂料。

2. 常规复验项目

（1）水性涂料：游离甲醛含量。

（2）溶剂性涂料：挥发性有机化合物（VOC）、苯、甲苯＋二甲苯＋乙苯含量。

3. 检验方法

（1）组批：以同一厂家、同一品种、同一规格的5t产品为一批，不足5t按一批计。

（2）取样：每组样品搅拌均匀后抽取不少于2kg，装样容器及容器盖的材料应能使样品不受光的影响并且没有物料能从容器中逸出或进入容器（宜为未开封状态一桶）。

（六）胶粘剂

1. 常用种类

常用种类有水性胶粘剂、溶剂性胶粘剂。

2. 常规复验项目

（1）水性胶粘剂：挥发性有机化合物（VOC）、游离甲醛含量。

（2）溶剂性胶粘剂：挥发性有机化合物（VOC）、甲苯＋二甲苯＋乙苯、游离甲苯二异氰酸酯（TDI）含量。

3. 检验方法

（1）组批：同一生产厂家、同一品种、同一规格、同一批次检查一次。

（2）取样：在同一批产品中随机抽取三份样品，每份不小于0.5kg。

（七）墙体节能工程材料

1. 常用种类

常用种类有绝热用模塑聚苯乙烯泡沫塑料（EPS板）、绝热用挤塑聚苯乙烯泡沫塑料（XPS板）、硬质聚氨酯泡沫塑料（PUR板）、胶粉聚苯颗粒保温浆料、不燃型复合膨胀聚苯乙烯保温板、建筑用岩棉绝热制品、绝热用岩棉、矿渣棉及其制品、建筑保温砂浆、防火隔离带、水泥基复合膨胀玻化微珠浆料。

2. 常规复验项目

（1）绝热用模塑聚苯乙烯泡沫塑料（EPS板）、绝热用挤塑聚苯乙烯泡沫塑料（XPS板）、硬质聚氨酯泡沫塑料（PUR板）：导热系数、密度、压缩强度或抗压强度、垂直于板面方向的抗拉强度、吸水率、燃烧性能（不燃材料除外）。

（2）胶粉聚苯颗粒保温浆料：导热系数、密度、抗压强度、抗拉强度、燃烧性能，同时在施工中制作同条件试件检测导热系数、干密度、抗压强度。

（3）不燃型复合膨胀聚苯乙烯保温板：导热系数、密度、抗压强度、垂直于板面方向的抗拉强度、吸水率。

（4）建筑用岩棉绝热制品：导热系数、密度、压缩强度、垂直于板面方向的抗拉强度、吸水率。

（5）绝热用岩棉、矿渣棉及其制品：导热系数、密度、吸水率。

（6）建筑保温砂浆：导热系数、密度、抗压强度，同时在施工中制作同条件试件检测导热系数、干密度、抗压强度。

（7）防火隔离带：导热系数、密度、垂直于板面方向的抗拉强度、吸水率、燃烧性能。

（8）水泥基复合膨胀玻化微珠浆料：导热系数、密度、抗压强度、燃烧性能，同时在施工中制作同条件试件检测导热系数、干密度、抗压强度。

3. 检验方法

同厂家、同品种产品按照扣除门窗洞口后的保温墙面面积所使用的材料用量，面积在 5000m² 以内复验 1 次；面积每增加 5000m² 应增加 1 次。同工程项目、同施工单位且同期施工的多个单位工程，可合并计算抽检面积。

（八）幕墙玻璃

1. 常规复验项目

常规复验项目为可见光透射比、传热系数、遮阳系数、中空玻璃密封性能。

2. 检验方法

同厂家、同品种产品，幕墙面积在 3000m² 以内时复验 1 次；面积每增加 3000m² 应增加 1 次。同工程项目、同施工单位且同期施工的多个单位工程，可合并计算抽样面积。

（九）建筑门窗

1. 常规复验项目

常规复验项目为门窗的传热系数、气密性能、玻璃的遮阳系数、可见光透射比、透光及部分透光遮阳材料的太阳光透射比、太阳光反射比、中空玻璃的密封性能。

2. 检验方法

同厂家、同材质、同开启方式、同型材系列的产品各抽查 1 次；对于有节能性能标识的门窗产品，复验时可仅核查标识证书和玻璃的检测报告。同工程项目、同施工单位且同期施工的多个单位工程，可合并计算抽检数量。

（十）屋面节能工程用保温隔热材料

1. 常规复验项目

常规复验项目为导热系数或热阻、密度、压缩强度或抗压强度、吸水率、燃烧性能（不燃材料除外）。

2. 检验方法

同厂家、同品种产品，扣除天窗、采光顶后的屋面面积在 1000m² 以内时应复验 1 次；面积每增加 1000m² 应增加 1 次。同工程项目、同施工单位且同期施工的多个单位工程，可合并计算抽检面积。

（十一）地面节能工程用保温隔热材料

1. 常规复验项目

常规复验项目为导热系数或热阻、密度、压缩强度或抗压强度、吸水率、燃烧性能（不燃材料除外）。

2. 检验方法

同厂家、同品种产品，地面面积在1000m²以内时应复验1次；面积每增加1000m²应增加1次。同工程项目、同施工单位且同期施工的多个单位工程，可合并计算抽检面积。

（十二）散热器

1. 常规复验项目

常规复验项目为单位散热量、金属热强度。

2. 检验方法

同厂家、同材质的散热器，数量在500组以下时，抽检2组；当数量每增加1000组时应增加抽检1组。同工程项目、同施工单位且同期施工的多个单位工程可合并计算。

（十三）风机盘管

1. 常规复验项目

常规复验项目为供冷量、供热量、风量、水阻力、功率及噪声。

2. 检验方法

按结构形式抽检，同厂家的风机盘管机组数量在500台及以下时，抽检2台；每增加1000台时应增加抽检1台。同工程项目、同施工单位且同期施工的多个单位工程可合并计算。

（十四）通风与空气调节节能工程用绝热材料

1. 常规复验项目

常规复验项目为导热系数或热阻、密度、吸水率。

2. 检验方法

同厂家、同材质的绝热材料，复验次数不得少于2次。

（十五）绝缘导线、电缆、电线

1. 常规复验项目

常规复验项目为导体电阻值。

2. 检验方法

（1）组批：同厂家、同批次、同型号、同规格的为一批。对于由同一施工单位施工的同一建设项目的多个单位工程，当使用同一厂家、同材质、同批次、同类型的主要设备、材料、成品和半成品时，其抽检比例宜合并计算。

（2）取样：同厂家各种规格总数的10%，且不应少于2个规格。

（十六）开关

1. 常规复验项目

常规复验项目为电气间隙、爬电距离、绝缘电阻值、螺钉、载流部件和连接。

2. **检验方法**

（1）组批：同厂家、同材质、同类型的开关为一批。对于由同一施工单位施工的同一建设项目的多个单位工程，当使用同一厂家、同材质、同批次、同类型的主要设备、材料、成品和半成品时，其抽检比例宜合并计算。

（2）取样：同厂家、同材质、同类型的，应各抽检3%，且不应少于1个（套）。

（十七）插座

1. **常规复验项目**

常规复验项目为电气间隙、爬电距离、绝缘电阻值、螺钉、载流部件和连接。

2. **检验方法**

（1）组批：同厂家、同材质、同类型的插座为一批。对于由同一施工单位施工的同一建设项目的多个单位工程，当使用同一厂家、同材质、同批次、同类型的主要设备、材料、成品和半成品时，其抽检比例宜合并计算。

（2）取样：同厂家、同材质、同类型的插座，应各抽检3%，且不应少于1个（套）。

（十八）饰面板（砖）

1. **常用种类**

常用种类有陶瓷砖。

2. **常规复验项目**

常规复验项目为吸水率（外墙）、抗冻性（严寒和寒冷地区外墙）、放射性（内墙）。

3. **检验方法**

（1）组批：相同材料、工艺和施工条件的室外饰面砖工程，每1000m²应划分为一个检验批。不足1000m²也应划分为一个检验批。

（2）取样

1）吸水率：每种类型取10块整砖进行测试；如每块砖的表面积不小于0.04m²时，只需用5块整砖进行检测。

2）抗冻性：使用不少于10块整砖，其最小面积为0.25m²。

3）放射性：随机抽取样品2份，每份2kg，一份封存，另一份检验。

第二章 实测检查

第一节 概述

实测检查是项目监理机构在施工单位自检完成后，按照有关工程建设标准、建设工程监理合同约定，对同一检验项目进行的现场量测活动。同一检验项目包括建设工程常用原材料、设备、构配件以及检验批一般项目等。它是监理工程师质量控制的一种重要手段，在技术复核及复验中采用，是项目监理机构在工程质量验收、工程质量评估时做出独立判断的重要依据之一。

实施实测检查的目的是通过建立工程实体质量、实测实量体系并系统实施的方式，能够客观真实反映项目各阶段的工程质量，增强质量意识，规范工程质量预控措施，促进实体质量的实时改进，进一步提高工程质量管理水平，全面提高工程质量稳定性及精细化管理，有效规范工程质量实测过程中的程序、取样方法、测量操作、数据处理等具体步骤和要求，提供规范的工程质量实测的操作方法，尽可能消除人为操作引起的偏差。

实测检查是项目监理机构在施工阶段质量控制的重要工作之一，所形成的记录是工程质量预验收和工程竣工验收的重要技术资料。《建筑工程施工质量验收统一标准》GB 50300—2013规定，施工现场质量管理检查记录、检验批、分项工程、分部（子分部）工程、单位（子单位）工程等的验收记录（检查评定结果）由施工单位填写，验收结论由监理（建设）单位填写，监理人员不应只根据施工单位自己的检查、验收情况填写验收结论，而应该在施工单位检查、验收的基础上进行实测检查，这样的质量验收结论才更具有说服力；同样，对于原材料、设备、构配件以及工程实体质量等，也应在见证取样或施工单位委托检验的基础上进行实测检查，以使检验、检测结论更加真实、可靠。实测检查是实体质量过程管控的重要手段，能够在各个施工阶段有效地保证质量实时改进和持续提高。

第二节 实测检查的内容、职责和流程

一、实测检查的内容

工程本身有着差异和不同，但项目监理机构对于工程质量的控制没有本质区别。任何

一项工程，从最初的定位测量、材料进场验收到实体施工、验收，施工单位应将每一批进场材料、设备和构配件，每一个检验批、分部（分项）工程、单位工程等都向监理机构报审报验，隐蔽工程还应提前向监理机构报审报验。每项验收，无论是完工报审报验还是隐蔽工程提前报审报验，或是原材料进场及复试取样报审报验等，项目监理机构的有关专业人员都应当按照规范要求，以不低于规范规定的抽查抽检比例进行复核或抽查抽检，并对检测数据做必要的原始记录。项目监理机构应当按照规定，将实际量测或检查的数据记录下来，并与施工单位报审报验的资料进行校对，验证施工单位所提供的数据是否符合设计和规范要求。监理工作应实事求是，用设计文件和工程建设标准衡量施工结果，用实测实量的数据说话，用监理人员的规范行为完成监理工作，并使归档的原始资料真实有效。实测检查的具体内容包括以下几点：

（1）运用各种测量工具，对在建工程各施工阶段进行现场测试，得到能真实反映产品质量的数据，填写工程实测检查表格，将实测检查内容建立测量档案，并根据量测结果采取措施逐步改进工程质量。

（2）在原材料、（半）成品、构配件进场报验时，量测其尺寸、规格等，判定其是否符合设计、规范、合同等要求。

（3）在隐蔽工程、检验批、分项工程报审报验时，针对项目工程过程中每个节点（地基与基础工程、混凝土工程、砌体工程、装饰装修工程、机电安装工程等）进行质量抽查、把控。

（4）找出共性及个性问题，组织专题会议，分析并制定处理措施，防止后期此类问题的发生。

二、实测检查的职责

项目监理机构依据建设工程监理合同，编制符合工程特点的实测检查监理工作方案，明确实测检查的方法、范围、内容、频率等，并设计实测检查记录表，开展实测检查工作。总监理工程师、专业监理工程师和监理员在实测检查方面应根据分工履行相应工作职责。

1. 总监理工程师实测检查的职责

（1）根据工程进展及监理工作情况，确定和调配实测检查人员，确定实测检查人员岗位职责，检查监理人员实测检查工作。

（2）组织编制实测检查监理工作方案。

（3）组织处理实测检查中出现的重要问题。

（4）组织整理项目监理机构独立产生的实测检查文件资料。

（5）组织履行监理合同中规定的其他有关工作。

2. 专业监理工程师实测检查的职责

（1）参与编制实测检查监理工作方案，负责编制工作方案中本专业的具体内容。

（2）组织开展本专业实测检查工作。

（3）审查施工单位提交的涉及本专业的报审文件时，使用相对应的实测检查数据进行复核。

（4）检查、指导监理员的实测检查工作，定期向总监理工程师汇报本专业实测检查工作实施情况。

（5）处理发现的实测检查一般问题，及时向总监理工程师汇报重要问题。

（6）收集、汇总、整理本专业实测检查文件资料。

（7）完成总监理工程师交派的其他有关工作。

3. 监理员实测检查的职责

（1）在专业监理工程师的指导下，进行本专业施工现场实测检查。

（2）根据实测检查监理工作方案，采用实测检查方法检查工序施工结果。

（3）实测检查中发现施工作业的问题时，及时指出并向专业监理工程师汇报。

（4）协助专业监理工程师收集、汇总、整理本专业实测检查文件资料，并及时将整理完成的文件资料交项目监理机构信息管理人员归档。

（5）完成总监理工程师、专业监理工程师交派的其他有关工作。

对不符合规范、标准规定要求的检验项目，监理员分析原因后应按照有关规定进行处理。实测检查的资料是竣工验收资料的重要组成部分，要及时、单独地整理和归档。

三、实测检查的流程

建筑工程实测检查的工作流程见图2-1。

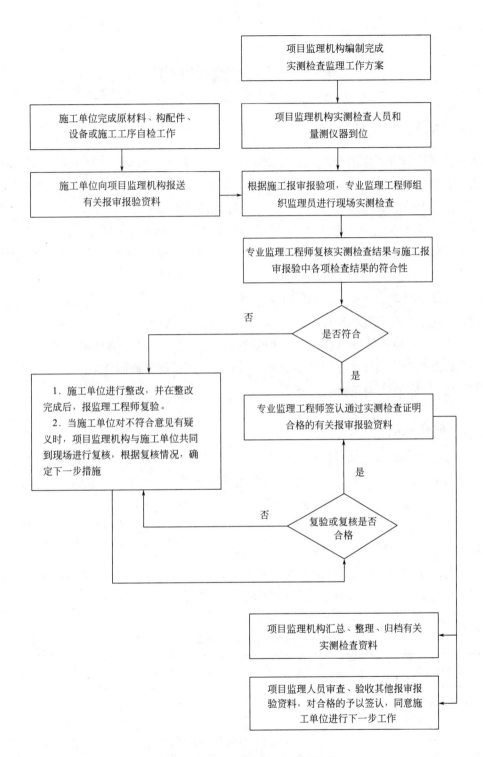

图 2-1　建筑工程实测检查工作流程图

第三节　实测检查的抽样 ▶▶

一、抽样方案

为保证实测检查工作的合理性、检查数据的规范性、检查结论的准确性，项目监理机构需根据各项原材料、构配件和检验批等检查项目的实际量测方式、抽查数量以及数据统计分析方法等特点，在实测检查监理工作方案中确定基本抽样方案，具体抽样方案在抽样前确定，并按有关专业验收规范执行，如有关专业验收规范无明确规定时，可由建设、设计、监理、施工等单位根据检验对象的特征协商确定。根据实测检查项目的特点，可选用下列抽样方案：

（1）计量、计数或计量—计数的抽样方案；

（2）一次、二次或多次抽样方案；

（3）对重要的检验项目，当有简易快速的检验方法时，选用全数检验方案；

（4）根据生产连续性和生产控制稳定性情况，采用调整型抽样方案；

（5）经实践证明有效的抽样方案。

二、抽样原则

（1）建设工程检验批抽样样本应随机抽取，满足分布均匀、具有代表性的要求，抽样数量应符合有关专业验收规范的规定。当采用计数抽样时，最小抽样数量应符合表2-1的要求。

（2）明显不合格的个体可不纳入检验批中，但应进行处理，使其满足有关专业验收规范的规定，对处理的情况应予以记录并重新验收。

（3）对于原材料、构配件实测检查的抽样，应符合有关验收标准的规定。验收标准未明确规定抽样数量的，可参照上述检验批的抽样方法。

检验批最小抽样数量　　　　　　　　　　　　　　　　　　　　表 2-1

检验批的容量	最小抽样数量	检验批的容量	最小抽样数量
2 ~ 15	2	151 ~ 280	13
16 ~ 25	3	281 ~ 500	20
26 ~ 90	5	501 ~ 1200	32
91 ~ 150	8	1201 ~ 3200	50

三、抽样判定

1. 错判概率α和漏判概率β

关于合格质量水平的错判概率α，是指合格批被判为不合格的概率，即合格批被拒收的概率；漏判概率β为不合格批被判为合格批的概率，即不合格批被误收的概率。抽样检验必然存在这两类风险，通过抽样检验的方法使检验批100%合格是不合理的也是不可能的，在抽样检验中，两类风险的控制范围一般是：α=1% ~ 5%；β=5% ~ 10%。对于主控项目，其α、β均不宜超过5%；对于一般项目，α不宜超过5%，β不宜超过10%。

2. 质量验收合格规定

每批次实测检查项的质量验收合格应符合以下规定：

（1）主控项目的质量经抽样检查均应合格。主控项目是指建筑工程中对安全、节能、环境保护和主要使用功能起决定性作用的检查项目。主控项目是对每批实测检查的基本质量起决定性影响的检查项目，是保证工程安全和使用功能的重要检查项目，必须从严要求，因此要求主控项目必须全部符合有关专业验收规范的规定。主控项目如果达不到有关专业验收规范规定的质量指标，降低要求就相当于降低该工程的性能指标，会严重影响工程的安全性能。这意味着主控项目不允许有不符合要求的检查结果，必须全部合格。

（2）一般项目的质量经抽样检查合格。当采用计数抽样时，合格点率应符合有关专业验收规范的规定，且不得存在严重缺陷。对于计数抽样的一般项目，正常实测检查一次抽样可按表2-2判定，正常实测检查二次抽样可按表2-3判定。

举例说明表2-2和表2-3的使用方法：

一般项目正常实测检查一次抽样判定　　　　　　　表2-2

样本容量	合格判定数	不合格判定数	样本容量	合格判定数	不合格判定数
5	1	2	32	7	8
8	2	3	50	10	11
13	3	4	80	14	15
20	5	6	125	21	22

一般项目正常实测检查二次抽样判定　　　　　　　表2-3

抽样次数	样本容量	合格判定数	不合格判定数	抽样次数	样本容量	合格判定数	不合格判定数
（1）	3	0	2	（1）	20	3	6
（2）	6	1	2	（2）	40	9	10
（1）	5	0	3	（1）	32	5	9
（2）	10	3	4	（2）	64	12	13
（1）	8	1	3	（1）	50	7	11
（2）	16	4	5	（2）	100	18	19
（1）	13	2	5	（1）	80	11	16
（2）	26	6	7	（2）	160	26	27

对于一般项目正常实测检查一次抽样，假设样本容量为20，在20个试样中如果有5个或5个以下试样被判为不合格时，该检查批次可判定为合格；当20个试样中有6个或6个以上试样被判为不合格时，则该检查批次可判定为不合格。

对于一般项目正常实测检查二次抽样，假设样本容量为20，当20个试样中有3个或3个以下试样被判为不合格时，该检查批次可判定为合格；当有6个或6个以上试样被判为不合格时，该检查批次可判定为不合格；当有4个或5个试样被判为不合格时，应进行第二次抽样，样本容量也为20个，两次抽样的样本容量为40个，当两次不合格试样之和为9或小于9时，该检查批次可判定为合格；当两次不合格试样之和为10或大于10时，该检查批次可判定为不合格。

样本容量在表2-2或表2-3给出的数值之间时，合格判定数可通过插值并四舍五入取整确定。例如样本容量为15，按表2-2插值得出的合格判定数为3.571，取整可得合格判定数为4，不合格判定数为5。

对于一般项目，虽然允许存在一定数量的不合格点，但某些不合格点的指标与合格要求偏差较大或存在严重缺陷时，仍将影响工程的使用功能或观感，因此对这些部位还应进行返修处理。如《混凝土结构工程施工质量验收规范》GB 50204—2015中附录E.0.4规定，结构实体构件纵向受力钢筋保护层厚度的允许偏差：梁〔+10，-7〕mm、板〔+8，-5〕mm；在附录E.0.5中又作出规定，梁类、板类构件纵向受力钢筋的保护层厚度，每次抽样检验结果中不合格点的最大偏差均不应大于本规范附录E.0.4条规定允许偏差的1.5倍。

（3）具有完整的施工操作依据、质量验收记录。

四、施工工序实测检查记录

结合实际施工过程中各工序实测检查情况，结合监理质量控制所要形成独立的实测检查记录，制定施工工序实测检查记录表（表2-4），在具体应用过程中根据实际情况进行调整。

施工工序实测检查记录   表2-4

工程名称				实测日期		
分项工程				实测工具		
实测项目	允许偏差（mm）	实测区	实测点（个）	实测值（mm）		

续表

工程名称				实测日期	
分项工程				实测工具	
实测项目	允许偏差（mm）	实测区	实测点（个）	实测值（mm）	
偏差大于允许偏差1.5倍的点： 有□　　无□				偏差合格率（%） 符合□　　不符合□	
实测结果：					
实测检查人员签字					年　月　日

第四节　常用工器具的管理及使用 ▶▶

项目监理机构通过常用工器具获取实测检查的第一手基础数据，可以确认施工单位申报资料原始依据的准确性及合理性，这也是取得良好质量控制成效的关键因素之一。项目监理过程要科学管理及规范使用常用工器具，保证实测检查最基本、最实际、最科学的数据来源。

一、常用工器具的管理

（1）项目监理单位要建立监理人员常用工器具的管理制度，可设专人管理工器具，其主要职责如下：

1）负责监理工器具的保养和维护；

2）负责检查工器具的检定有效期，联系有关检定工作；

3）编制工器具统计台账并及时更新；

4）负责对合格的工器具实行标识化管理；

5）组织对监理人员开展常用工器具的使用培训。

（2）常用工器具管理资料应包括以下主要内容：

1）统计台账：仪器设备名称、制造厂、规格型号、出厂日期和启用日期等；

2）使用台账：使用人、使用时间、使用工器具等；

3）检定台账：包括检定时间及证书等。

二、常用工器具的使用

项目监理机构工作人员在使用工器具前必须进行培训，定期对工器具的完好性、有效性进行检查，做好日常维护保养。项目监理机构常用的工器具包括全站仪、水准仪、经纬仪、钢筋扫描仪、坍落度仪、回弹仪、红外线测距仪、钢卷尺、靠尺等。

（一）全站仪

全站仪在测站上一经观测，必要的观测数据如斜距、天顶距（竖直角）、水平角等均能自动显示，而且几乎是在同一瞬间内得到平距、高差、点的坐标和高程。如果通过传输接口把全站仪野外采集的数据终端与计算机、绘图机连接起来，配以数据处理软件和绘图软件，即可实现测图的自动化。

1. 仪器型号

仪器型号按测量功能分类可分为经典型全站仪、机动型全站仪、无合作目标型全站仪、智能型全站仪等。

2. 精度等级

精度等级根据测角精度可分为0.5″、1″、2″、3″、5″、7″等。

3. 全站仪测量

用全站仪进行建筑工程测量的操作步骤包括准备工作、安置仪器、开机、角度测量、距离测量和放样。

（1）准备工作。安装电池，检查电池的容量，确定电池电量充足。

（2）安置仪器

1）安放三脚架，调整至高度适中，固定全站仪到三脚架上，架设仪器使测点在视场内，完成仪器安置；

2）移动三脚架，使光学对点器中心与测点重合，完成粗对中工作；

3）调节三脚架，使圆水准气泡居中，完成粗平工作；

4）调节脚螺旋，使长水准气泡居中，完成精平工作；

5）移动基座，精确对中，完成精确对中工作；重复以上步骤，直至完全对中、整平。

（3）开机。按开机键，按提示转动仪器望远镜一周显示基本测量屏幕，确认棱镜常数值和大气改正值。

（4）角度测量。仪器瞄准角度起始方向的目标，按键选择显示角度菜单屏幕（按置零键可以将水平角读数设置为0°0′0″）；精确照准目标方向，仪器即显示两个方向间水平夹角和垂直角。

（5）距离测量。按键选择进入斜距测量模式界面，照准棱镜中心，按测距键两次即可得到测量结果。按ESC键，清空测距值。按切换键，可将结果切换为平距、高差显示模式。

（6）放样。选择坐标数据文件。可进行测站坐标数据及后视坐标数据的调用；置测站点；置后视点，确定方位角；输入或调用待放样点坐标，开始放样。

（二）水准仪

水准仪是建立水平视线测定地面两点间高差的仪器，按其精度分类有DS0.5、DS1、DS3、DS10等，其中DS3级和DS10级水准仪又称为普通水准仪，用于国家三、四等水准及普通水准测量；DS0.5级和DS1级水准仪称为精密水准仪，用于国家一、二等精密水准测量。

水准测量的基本思路是：利用水准仪的水平视线来测定地面上两点之间的高差，再用其中一个已知点的高程和测定的高差，求出另一个待测点的高程。利用视距测量原理，还可以测量两点间的水平距离。

水准仪测量包括以下步骤：

（1）安置

安置是将仪器安装在可以伸缩的三脚架上并置于两观测点之间。首先打开三脚架并使高度适中，用目估法使架头大致水平并检查脚架是否牢固，然后打开仪器箱，用连接螺旋将水准仪器连接在三脚架上。

（2）粗平

粗平是使仪器的视线粗略水平，利用脚螺旋置圆水准气泡居于圆指标圈之中。在整平过程中，气泡移动的方向与大拇指运动的方向一致。

（3）瞄准

首先将物镜对着明亮的背景，转动目镜调焦螺旋，十字丝调节清晰。然后松开制动螺旋，利用粗瞄准器瞄准水准尺，拧紧水平制动螺旋。再调节物镜调焦螺旋，使水准尺分划清楚，调节水平微动螺旋，使十字丝的竖丝照准水准尺边缘或中央。

（4）精平

目视水准管气泡观察窗，同时调整微倾螺旋，使水准管气泡内端的影像重合，此时水准仪达到精平（自动安平水准仪不需要此步操作）。

（5）读数

用十字丝的中丝截读水准尺上的读数。直接读米、分米、厘米，估读毫米，共四位。

电子水准仪测量如图2-2所示。

图2-2 电子水准仪高程测量

注：因各个厂家生产的水准仪功能和特点不一样，且品牌型号较多，篇幅所限不再详述，每款水准仪具体的功能和特点详见各仪器说明书。

（三）经纬仪

经纬仪是常用的测角仪器。角度测量是确定地面点位的基本测量工作之一，它分为水平角度测量和竖直角度测量，测量水平角是为了确定地面点的平面位置；测量竖直角是为了确定地面点的高程。经纬仪根据度盘刻度和读数方式的不同，分为电子经纬仪和光学经纬仪。

1. 精度等级

经纬仪精度等级分为DJ0.7、DJ1、DJ2、DJ6、DJ30等。

2. 电子经纬仪测量

（1）水平角度测量（顺时针）步骤

1）将仪器在站点上安装好且对中整平后开机；

2）通过水平盘和垂直盘的制微动螺旋，使仪器精确地瞄准第一个目标A；

3）按置零键设定水平角度值为0°00′00″；

4）通过水平盘和垂直盘的制微动螺旋，使仪器精确地瞄准第二个目标B；

5）读出仪器显示的角度α。

（2）垂直角度测量步骤

1）将仪器在站点上安装好且对中整平后开机；

2）通过水平盘和垂直盘的制微动螺旋，使仪器精确地瞄准目标A；

3）读出仪器显示的角度θ，按角度/斜度键可以查看坡度。

（四）钢筋扫描仪

钢筋扫描仪用于混凝土结构中钢筋位置、分布及走向，保护层厚度及钢筋直径的探测。

1. 钢筋扫描仪检测

钢筋扫描仪检测如图2-3所示。

图2-3　钢筋扫描仪检测

2. 钢筋扫描仪的扫描步骤

（1）获取资料

获取被测构件的设计施工资料，确定被测构件中钢筋的大致位置、走向和直径，并将仪器的钢筋直径参数设置为设计值。如上述资料无法获取，将钢筋直径设置为系统默认值，用网络扫描或剖面扫描和直径测试功能来检测钢筋直径和其保护层厚度。

（2）确定检测区

根据需要在被测构件上选择一块区域作为检测区，尽量选择表面光滑的区域，以便提高检测精度。

（3）检测保护层厚度和钢筋直径

已知钢筋直径检测保护层厚度：选择仪器的厚度测试功能，设置好编号和钢筋直径参数，在两根箍筋（下层筋）的中间位置沿主筋（上层筋）的垂线方向扫描，确定被测主筋（上层筋）的保护层厚度；在两根主筋（上层筋）的中间位置沿箍筋（下层筋）的垂线方向扫描，确定被测箍筋（下层筋）的保护层厚度，注意设置相应的网格钢筋状态。

未知钢筋直径检测保护层厚度和钢筋直径：选择仪器的直径测试功能，设置好编号，在两根箍筋（下层筋）的中间位置探头平行于钢筋，沿主筋（上层筋）的垂线方向扫描，确定被测主筋（上层筋）的精确位置，然后将探头平行放置在被测钢筋的正上方，检测钢筋的直径和该点保护层厚度，在两根主筋（上层筋）的中间位置沿箍筋（下层筋）的垂线方向扫描，确定被测箍筋（下层筋）的精确位置，然后将探头平行放置在被测钢筋的正上方，检测钢筋的直径和该点保护层厚度。

（五）坍落度仪

1. 坍落度仪组成

坍落度仪由坍落度筒、金属捣棒、铁板、漏斗、钢尺和直尺等组成。

2. 坍落度试验检测程序

用水湿润坍落度筒及其他用具，并将坍落度筒放在已准备好的刚性水平600mm×600mm的铁板上，用脚踩住两边的脚踏板，使坍落度筒在装料时保持在固定位置。将按要求取得的混凝土试样用小铲分三层均匀地装入筒内，使捣实后每层高度为筒高的1/3左右。每层用捣棒沿螺旋方向由外向中心插捣25次，各次插捣应在截面上均匀分布。插捣筒边混凝土时，捣棒应插透本层至下层的表面。插捣顶层过程中，如混凝土沉落到低于筒口，则应随时添加，捣完后刮去多余的混凝土，并用铲子抹平。

清除筒边底板上的混凝土后，垂直平稳地在5～10s内提起坍落度筒。从开始装料到提起坍落度筒的整个过程应不间断地进行，并应在150s内完成。

提起坍落度筒，测量筒高与坍落后混凝土试体最高点之间的高度差，即为混凝土拌合物的坍落度值。坍落度筒提高后，如混凝土发生崩坍成一边剪坏现象，则应重新取样另行测定。如第二次试验仍出现上述现象，则表示该混凝土和易性不佳，应予记录备查。

3. 混凝土坍落度检测

混凝土坍落度检测如图2-4所示。

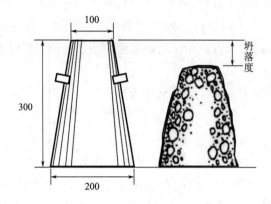

图2-4 混凝土坍落度检测

4. 坍落度分级

坍落度分级见表2-5。

坍落度分级 表2-5

序号	级别	名称	坍落度（mm）
1	T1	低塑性混凝土	10 ~ 40
2	T2	塑性混凝土	50 ~ 90
3	T3	流动性混凝土	100 ~ 150
4	T4	大流动性混凝土	≥ 160

（六）回弹仪

回弹仪法适用于检测一般建筑构件、桥梁及各种混凝土构件（板、梁、柱、桥架）的强度。

（1）单个检测：适用于单个结构或构件的检测。

（2）批量检测：适用于在相同的生产工艺条件下，混凝土强度等级相同，原材料、成形工艺、养护条件基本相同且龄期相近的结构或构件。

1）批量检测时，抽检数量不得少于同批构件总数的30%且不得少于10个。抽检构件时，应随机抽取重点部位或有代表性的构件。

2）每个构件的测区数不宜少于10个。当受检构件数量大于30个且不需提供单个构件推定强度或受检构件某一方向尺寸不大于4.5m且另一方向尺寸不大于0.3m时，每个构件的测区数可减少，但不应少于5个。

3）测量回弹值时，回弹仪的轴线始终垂直于混凝土测面，并应缓慢施压，准确读数，快速复位。

4）每一测区应读取16个回弹值，每一测点的回弹值读数应精确到1MP。两测点净距离不少于20mm。计算测区平均回弹值时，应剔除3个最大值和3个最小值。测区的平均回弹值应先后经过回弹值角度修正、浇筑面修正和泵送混凝土系数修正。使用修正后的平均回弹值和测定的混凝土碳化深度，查测区混凝土强度换算表得出混凝土强度换算值。然后根据各测区混凝土强度换算值计算构件现龄期的强度推定值。

（七）红外线测距仪

测距仪可以分为超声波测距仪、红外线测距仪、激光测距仪。所说的红外线测距仪指的就是激光红外线测距仪，也就是激光测距仪，它可以完成距离、面积、体积等测量工作，作为一种精密的测量工具，已经广泛地应用到各个领域。

1. 距离测量

（1）单一距离测量。按测量键，启动激光束，再次按测量键，在1s内显示测量结果。

（2）连续距离测量。按住测量键2s，可以启动连续距离测量模式。在连续测量期间，每8 ~ 15s一次的测量结果更新显示在结果行中，再次按测量键终止。

2. 面积测量

按面积功能键，激光束切换为开。将测距仪瞄准目标，按测量键，将测得并显示所量物体的宽度。再按测量键，将测得物体的长度，且立即计算出面积，并将结果显示在结果行中。计算面积按所需的两端距离显示在中间的结构行中。

第五节　施工现场实测检查内容 ▶▶

一、施工控制测量成果复核

（一）施工平面控制网

1. 一般规定

（1）平面控制网的布设应遵循先整体、后局部，分级控制的原则。大中型的施工项目，应先建立场区平面控制网，再建立建筑物施工平面控制网；小型施工项目，可直接布设建筑物施工平面控制网。

（2）平面控制测量前，应收集场区及附近城市平面控制点、建筑红线桩点等资料；当点位稳定且成果可靠时，可作为平面控制测量的起始依据。

（3）平面控制测量应包括场区平面控制网和建筑物施工平面控制网的测量。

（4）平面控制点应根据建筑设计总平面图、施工总平面布置图、施工地区的地形条件等因素经设计确定，点位应选在通视良好、土质坚硬、便于施测和长期保存的地方。

（5）平面控制点的标志和埋设应符合现行国家标准《工程测量标准》GB 50026—2020的要求，并应妥善保护。控制点应定期复测检核。

2. **场区平面控制网**

（1）场区平面控制网应根据场区地形条件与建筑物总体布置情况，布设成建筑方格网、卫星导航定位测量网、导线及导线网、边角网等形式。

（2）建筑方格网的布设应符合以下规定：

1）建筑方格网的主要技术要求应符合表2-6的规定；

2）在建筑方格网布设后，应对建筑方格网轴线交点的角度及轴线距离进行测定，并将点位归化至设计位置，点位归化后，应进行角度和边长的复测检查；

建筑方格网的主要技术要求   表2-6

等级	边长（m）	测角中误差（″）	边长相对中误差
一级	100～300	5	≤1/30000
二级	100～300	8	≤1/20000

3）对场地大于$1km^2$或重要建筑区，应按一级网的技术要求布设场区平面控制网；对场地小于$1km^2$或一般建筑区，可按二级网的技术要求布设场区平面控制网。对测量精度有特殊要求的工程，控制网精度应符合设计要求。

3. **建筑物施工平面控制网**

（1）建筑物施工平面控制网宜布设成矩形，特殊时也可布设成十字形主轴线或平行于建筑物外廓的多边形。

（2）建筑物施工平面控制网测量可根据建筑物的不同精度要求分三个等级，其主要技术要求应符合表2-7的规定。

建筑方格网的主要技术要求   表2-7

等级	适用范围	测角中误差（″）	边长相对中误差
一级	钢结构、超高层、连续程度高的建筑	±8	1/24000
二级	框架、高层、连续程度一般的建筑	±12	1/15000
三级	一般建筑	±24	1/8000

（3）地下施工阶段应在建筑物外侧布设控制点，建立外部控制网；地上施工阶段应在建筑物内部布设控制点，建立内部控制网。

（4）建筑物施工平面控制网测定并经验线合格后，应按规定的精度在控制网外廓边线上测定建筑轴线控制桩，作为控制轴线的依据。

（5）建筑物外部控制转移至内部时，内控控制点宜设置在浇筑完成的预埋件或预埋的测量标板上，投测的点位允许误差应为1.5mm。

（6）建筑物施工平面控制桩施测完成后，应对控制轴线交点的角度及轴线距离进行测定，并调整控制点点位直至符合规定。调整控制点时，应根据各点平差计算坐标值确定归化数据，并应在实地标志上修正。

（7）建筑物施工平面控制桩应标识清楚，定期复测，并采取有效的保护措施；当遇有损坏，应及时恢复。复测时间间隔的长短，应根据点位稳定程度或自然条件的变化情况来确定。

（二）高程测量控制网

1. 一般规定

（1）高程控制网应包括场区高程控制网和建筑物施工高程控制网，高程控制网可采用水准测量和测距三角高程测量的方法建立。

（2）高程控制测量前应收集场区及附近城市高程控制点、建筑区域内的临时水准点等资料。当点位稳定、符合精度要求和成果可靠时，可作为高程控制测量的起始依据。

（3）施工高程控制测量的等级依次分为二、三、四、五等，可根据场区的实际需要布设，特殊需要可另行设计。四等和五等高程控制网可采用测距三角高程测量。

（4）高程控制点应选在土质坚实，便于施测、使用并易于长期保存的地方，距离基坑边缘不应小于基坑深度的2倍。

（5）高程控制点的标志与标石的埋设应符合现行国家标准《工程测量标准》GB 50026—2020的规定。

（6）高程控制点应采取保护措施，并在施工期间定期复测，如遇特殊情况，应及时进行复测。

2. 场区高程控制网

（1）场区高程控制网应布设成附合路线、结点网或闭合环。

（2）场区高程控制网的精度，不宜低于三等水准，其主要的技术指标应符合标准规定。

（3）场区高程控制点可单独布设在场区相对稳定的区域，也可设置在平面控制点的标石上。

3. 建筑物施工高程控制网

（1）建筑物施工高程控制网应在每一栋建筑物周围布设，不应少于2个点，独立建筑不应少于3个点。

（2）建筑物施工高程控制宜采用水准测量。水准测量的精度等级，可根据工程的实际需要布设。其主要的技术指标应符合标准规定。

（3）水准点可设置在平面控制网的标桩或外围的固定地物上，也可单独埋设。当场区高程控制点距离施工建筑物小于200m时，可直接利用。

二、工程常用材料现场量测

项目监理机构在日常监理工作过程中应依据法律、法规、标准、设计文件、监理规范和监理合同的要求对进场工程材料进行现场量测。

（一）工程常用材料现场量测

工程常用材料现场量测主要内容如表2-8所示。

工程常用材料现场量测主要内容　　表2-8

编号	材料名称	检查项		允许偏差（mm）		检查工具
1	钢筋	热轧光圆钢筋	直径6～12mm	〔-0.3，+0.3〕		游标卡尺
			直径14～22mm	〔-0.4，+0.4〕		
		热轧带肋钢筋	直径6mm	〔-0.3，+0.3〕		
			直径8～18mm	〔-0.4，+0.4〕		
			直径20～25mm	〔-0.5，+0.5〕		
			直径28～36mm	〔-0.6，+0.6〕		
		定尺长度		〔0，+50〕		钢卷尺
2	预拌混凝土	规定坍落度	≤40mm	〔-10，+10〕		坍落度筒、捣棒、直尺、铁锹、刮刀、垫板
			50～90mm	〔-20，+20〕		
			≥100mm	〔-30，+30〕		
3	蒸压加气混凝土砌块（注：蒸压加气混凝土砌块按尺寸偏差分为Ⅰ型和Ⅱ型。Ⅰ型适用于薄灰缝砌筑，Ⅱ型适用于厚灰缝砌筑）	长度		Ⅰ型〔0，+3〕Ⅱ型〔0，+4〕		钢直尺
		宽度		Ⅰ型〔0，+1〕Ⅱ型〔0，+2〕		
		高度		Ⅰ型〔0，+1〕Ⅱ型〔0，+2〕		
		缺棱掉角	最小尺寸mm	Ⅰ型≤10	Ⅱ型≤30	角尺或钢直尺
			最大尺寸mm	Ⅰ型≤20	Ⅱ型≤70	
			三个方向尺寸之和≤120mm的掉角（个数/个）	Ⅰ型≤0	Ⅱ型≤2	
		裂纹长度	裂纹长度（mm）	Ⅰ型≤0	Ⅱ型≤70	角尺或钢直尺
			任意面≤70mm裂纹条数（条）	Ⅰ型≤0	Ⅱ型≤1	
			每块裂纹总数（条）	Ⅰ型≤0	Ⅱ型≤2	

续表

编号	材料名称	检查项		允许偏差（mm）	检查工具
4	挤塑聚苯板（以长1200mm×宽600mm的挤塑板为基准）		厚度	〔0，+2〕	钢卷尺
			长度	〔-2，+2〕	
			宽度	〔-1，+1〕	
			对角线差	〔0，+3〕	
			板边平直	〔0，+2〕	1m靠尺
			板面平整度	〔0，+2〕	
5	自粘聚合物改性沥青防水卷材〔注：自粘聚合物改性沥青防水卷材按有无胎基增强分为无胎基（N类）、聚酯胎基（PY类）〕	厚度	N类1.2mm厚	平均值≥1.2 最小单值1.0	厚度计
			N类1.5mm厚	平均值≥1.5 最小单值1.3	
			N类2.0mm厚	平均值≥2.0 最小单值1.7	
			PY类2.0mm厚	平均值≥2.0 最小单值1.8	
			PY类3.0mm厚	平均值≥3.0 最小单值2.7	
			PY类4.0mm厚	平均值≥4.0 最小单值3.7	

（二）施工工序现场实测检查

施工工序现场主要实测检查内容如表2-9、图2-5～图2-8所示。

施工工序现场主要实测检查内容　　　　　　　　　　　　　　表2-9

编号	分项工程	检查项		允许偏差（mm）	检查工具
1	混凝土结构工程（现浇结构）	轴线位置	整体基础	〔0，15〕	钢卷尺
			独立基础	〔0，10〕	
			柱、墙、梁	〔0，8〕	
		截面尺寸	基础	〔-10，15〕	
			柱、梁、板、墙	〔-5，10〕	
			楼梯相邻踏步高差	〔0，6〕	

续表

编号	分项工程	检查项			允许偏差（mm）	检查工具
1	混凝土结构工程（现浇结构）	垂直度	层高	层高≤6m	〔0，10〕	经纬仪或吊线、钢卷尺
				层高＞6m	〔0，12〕	
			全高（H）≤300m		H/30000+20	
			全高（H）＞300m		H/10000且≤80	
		标高	层高		〔-10，10〕	钢卷尺
			全高		〔-30，30〕	
		预留洞、孔中心线位置			〔0，15〕	
		表面平整度			〔0，8〕	2m靠尺、楔形塞尺
2	砌体工程（填充墙砌体）	轴线位移			〔0，10〕	钢卷尺
		垂直度（每层）	每层		〔0，5〕	2m拖线板
			全高	H≤10m	〔0，10〕	经纬仪、吊线
				H＞10m	〔0，20〕	
		表面平整度			〔0，8〕	2m靠尺、楔形塞尺
		门窗洞口尺寸高、宽（后塞口）			〔-10，10〕	5m钢卷尺
		外墙上、下窗口偏移			〔0，20〕	经纬仪或吊线
3	抹灰工程	表面平整度	普通抹灰		〔0，4〕	2m靠尺、塞尺
			高级抹灰		〔0，3〕	
		立面垂直度	普通抹灰		〔0，4〕	2m垂直检测尺
			高级抹灰		〔0，3〕	
		阴阳角方正	普通抹灰		〔0，4〕	直角检测尺
			高级抹灰		〔0，3〕	
		分格条（缝）直线度	普通抹灰		〔0，4〕	5m线
			高级抹灰		〔0，3〕	
		墙裙、勒脚上口直线度	普通抹灰		〔0，4〕	5m线
			高级抹灰		〔0，3〕	
4	防水	卫生间、厨房、阳台涂膜厚度			最小厚度大于设计厚度80%	游标卡尺、5m卷尺
		卷材防水层搭接宽度			〔-10，0〕	钢卷尺
5	板块面层吊顶工程（石膏板）	表面平整度			〔0，3〕	2m靠尺和塞尺
		接缝直线度			〔0，3〕	5m线
		接缝高低差			〔0，1〕	钢直尺和塞尺

续表

编号	分项工程	检查项			允许偏差（mm）	检查工具
6	墙面水性涂料涂饰工程	墙面平整度	薄涂料	普通涂饰	〔0，3〕	2m靠尺、楔形塞尺
				高级涂饰	〔0，2〕	
			厚涂料	普通涂饰	〔0，4〕	
				高级涂饰	〔0，3〕	
			复层涂料		〔0，5〕	
		墙面垂直度	薄涂料	普通涂饰	〔0，3〕	2m垂直检测尺
				高级涂饰	〔0，2〕	
			厚涂料	普通涂饰	〔0，4〕	
				高级涂饰	〔0，3〕	
			复层涂料		〔0，5〕	
		阴阳角方正	薄涂料	普通涂饰	〔0，3〕	直角检测尺
				高级涂饰	〔0，2〕	
			厚涂料	普通涂饰	〔0，4〕	
				高级涂饰	〔0，3〕	
			复层涂料		〔0，4〕	
		装饰线、分色线直线度	薄涂料	普通涂饰	〔0，2〕	5m拉线或钢直尺
				高级涂饰	〔0，1〕	
			厚涂料	普通涂饰	〔0，2〕	
				高级涂饰	〔0，1〕	
			复层涂料		〔0，3〕	
		墙裙、勒脚上口直线度	薄涂料	普通涂饰	〔0，2〕	5m拉线或钢直尺
				高级涂饰	〔0，1〕	
			厚涂料	普通涂饰	〔0，2〕	
				高级涂饰	〔0，1〕	
			复层涂料		〔0，3〕	
7	铝合金门窗	门窗槽口宽度、高度	≤2m		〔0，2〕	钢卷尺
			>2m		〔0，3〕	
		门窗槽口对角线长度差	≤2.5m		〔0，4〕	钢卷尺
			>2.5m		〔0，5〕	
		门窗框的正、侧面垂直度			〔0，2〕	1m垂直检测尺

续表

编号	分项工程	检查项		允许偏差（mm）	检查工具
7	铝合金门窗	门窗横框的水平度		〔0，2〕	1m水平尺和塞尺
		门窗横框标高		〔0，5〕	钢卷尺
		门窗竖向偏离距离		〔0，5〕	
		双层门窗内外框间距		〔0，4〕	钢卷尺
		推拉门窗扇与框搭接宽度	门	〔0，2〕	
			窗	〔0，1〕	
8	平开木门窗	门窗框的正、侧面垂直度		〔0，2〕	1m垂直检测尺
		接缝高低差	框与扇	〔0，1〕	塞尺
			扇与扇		
		双层门窗内外框间距		〔0，4〕	钢直尺
9	大理石和花岗石面层	表面平整度	大理石和花岗石面层	〔0，1〕	2m靠尺和塞尺
			碎拼大理石和花岗石面层	〔0，3〕	
		缝格平直度		〔0，2〕	5m线和钢卷尺
		接缝高低差		〔0，0.5〕	钢直尺、塞尺
		踢脚线上口平齐		〔0，1〕	5m线、钢卷尺
		板块间隙宽度		〔0，1〕	钢卷尺
10	实木复合地板	地板平整度		〔0，2〕	2m靠尺
		地板接缝高低差		〔0，0.5〕	钢卷尺或其他辅助工具
		地板接缝宽度		〔0，0.5〕	钢卷尺
		踢脚线与面层接缝		〔0，1〕	钢卷尺
		踢脚线上口平齐		〔0，3〕	激光扫平仪、钢卷尺
11	设备安装	坐便器预留排水管孔距		〔0，15〕	钢卷尺
		开关插座安装高度	同一室内同一标高安装	〔0，5〕	钢卷尺、塞尺
			同一墙面安装	〔0，2〕	
			并列安装	〔0，0.5〕	

图 2-5　混凝土强度回弹实测检查

图 2-6　钢筋间距实测检查

图 2-7　墙面平整度实测检查

图 2-8 卫生间地面防水实测检查

第六节 建筑工程常用实测检查方法 ▶▶

主体结构工程是建筑工程最重要的承重结构构件，混凝土构件的实际位置、尺寸等参数与设计的位置和尺寸若存在较大差异，会对房屋建筑的使用性能产生一定的影响，甚至严重影响房屋建筑结构的承载能力，因此现浇结构不应有影响结构性能或使用功能的尺寸偏差。对于整个建筑工程来讲，无论是主体结构工程还是机电末端安装、装饰装修等专业工程，在实际施工过程中均不能存在对工程质量造成很大影响的尺寸或位置偏差，为此监理人员要严格执行现行规范、标准以及设计文件要求，熟练掌握实测检查方法，注重施工工序、关键部位的质量控制，从而保证工程质量。

一、主体结构工程

（一）混凝土结构工程实测检查方法

混凝土结构的位置、尺寸偏差检查数量按楼层、结构缝或施工段划分检验批。在同一检验批内，对梁、柱和独立基础，应抽查构件数量的10%，且不应少于3件；对墙和板，应按有代表性的自然间抽查10%，且不应少于3间；对大空间结构，墙可按相邻轴线间高度5m左右划分检查面，板可按纵、横轴线划分检查面，抽查10%，且均不应少于3面；对电梯井，应全数检查。

1. 截面尺寸偏差

以钢卷尺测量同一面墙、柱截面尺寸，精确至毫米。同一墙、柱面作为1个实测区，累计实测实量20个实测区。每个实测区从地面向上300mm和1500mm各测量截面尺寸1次（图2-9），选取其中与设计尺寸偏差最大的数，作为判断该实测指标合格率的1个计算点。

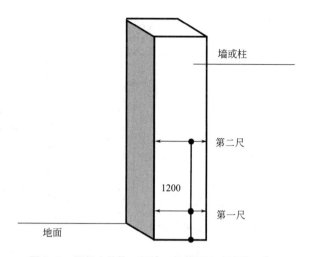

图 2-9 混凝土结构工程墙、柱截面尺寸测量示意图

2. 表面平整度

当所选墙长度小于3m时，同一面墙4个角（顶部及根部）中取左上及右下2个角。按45°角斜放靠尺，累计测2次，作为2个计算点，跨洞口部位必测。当所选墙长度大于3m时，除按45°角测量两次表面平整度外，还需在墙长度中间水平放靠尺测量1次表面平整度（图2-10），作为3个计算点，跨洞口部位必测。

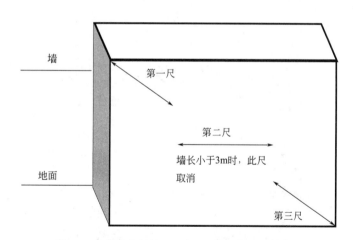

图 2-10 混凝土结构工程表面平整度测量示意图

3. 墙、柱表面垂直度

墙长度小于3m时，同一面墙距两端头阴阳角约300mm位置，按以下原则实测2次：一是靠尺顶端接触到顶板时测1次，二是靠尺底端接触到地面时测1次，作为合格率的2个计算点。洞口一侧为必测部位。当墙长度大于3m时，靠尺在长度、高度方向居中时额外加测1次（图2-11），作为合格率的第3个计算点。

混凝土柱：任选混凝土柱四面中的两面，分别将靠尺顶端接触到上部混凝土顶板和下部地面位置时各测1次垂直度（图2-12），作为合格率的2个计算点。

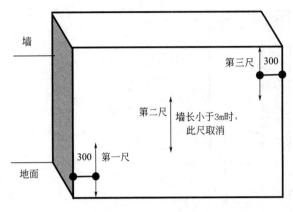
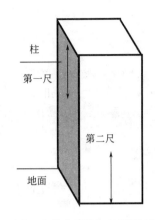

图 2-11　混凝土结构工程墙表面垂直度测量示意图　　图 2-12　混凝土结构工程柱表面垂直度测量示意图

（二）填充墙砌体工程实测检查方法

1. 表面平整度

墙面长度小于3m，取左上及右下2个角。按45°角斜放靠尺测量2次，作为合格率的2个计算点。墙面长度大于3m时，在墙长度中间位置增加1次水平测量作为合格率的第3个计算点。墙面有门窗、过道洞口的，在洞口45°斜交测一次，作为合格率的1个计算点，如图2-13所示。

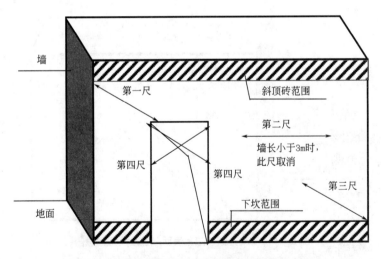

图 2-13　填充墙砌体工程表面平整度测量示意图

2. 立面垂直度

每一面墙都可以作为1个实测区，优先选用有门窗、过道洞口的墙面。测量部位选择正手墙面。累计实测实量10个实测区。实测值主要反映砌体墙体垂直度，应避开墙顶梁、墙底灰砂砖或混凝土反坎、墙体斜顶砖，消除其测量值的影响，如2m靠尺过高不易定位，可采用1m靠尺。

当墙长度小于3m时，同一面墙距两侧阴阳角约300mm位置，分别按以下原则实测2

次：一是靠尺顶端接触到上部砌体位置时测1次垂直度，二是靠尺底端距离下部地面位置约300mm时测1次垂直度。墙体洞口一侧为垂直度必测部位。这2个实测值分别作为判断该实测指标合格率的2个计算点。

当墙长度大于3m时，同一面墙距两端头竖向阴阳角约300mm和墙体中间位置，分别按以下原则实测3次：一是靠尺顶端接触到上部砌体位置时测1次垂直度，二是靠尺底端距离下部地面位置约300mm时测1次垂直度，三是在墙长度中间位置靠尺基本在高度方向居中时测1次垂直度。这3个测量值分别作为判断该实测指标合格率的3个计算点，如图2-14所示。

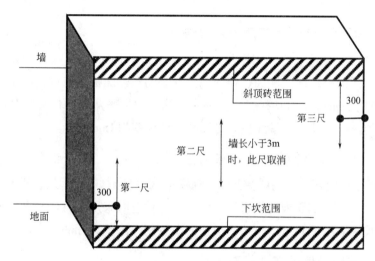

图2-14　填充墙砌体工程立面垂直度测量示意图

（三）钢筋工程实测检查方法

1. 钢筋长度测量

（1）用钢卷尺沿着受力钢筋长度方向测量其净尺寸，应符合设计要求，允许偏差 –10 ~ +10mm。每件测量偏差值为一个计算点，总实测点数不得少于10点。

（2）箍筋外廓净尺寸（钢筋加工）应符合设计要求，允许偏差 –5 ~ +5mm。每件测量偏差值为一个计算点，总实测点数不得少于10点。

（3）箍筋弯钩弯折后平直度长度（钢筋加工）应符合规范要求，用钢卷尺沿平直段进行测量，一般结构构件大于或等于5d，抗震设防要求或设计专门要求的结构构件大于或等于10d，且不小于75mm。每件测量2个实测偏差值，每一类型的钢筋实测点数不得少于10点。

2. 钢筋间距测量

绑扎钢筋纵、横向尺寸（钢筋安装）应符合设计要求，每个构件检查3 ~ 5处，每处用尺量连续三档，取最大偏差值为一个计算点，检查点尽量分布均匀。板类构件钢筋间距允许偏差 –20 ~ +20mm。

3. 机械连接接头加工质量测量

（1）钢筋端部切平后加工螺纹。

（2）钢筋丝头长度应符合设计要求，公差应为0～2.0P（P为螺距）。

（3）用螺纹通规顺利旋入并达到要求的拧入长度，用螺纹止规旋入不得超过3.0P。抽取总数的10%进行测量。

二、机电安装工程

机电安装工程的实测检查包括电气工程、智能化工程、给水排水与采暖工程、通风与空调工程的终端部件或器具等并排面板安装偏差、并列面板安装偏差、坐便器安装偏差、地漏安装偏差等。

（一）并排面板安装偏差实测检查方法

末端面板并排安装偏差应采用钢直尺和线径不大于1mm的5m线或激光水平仪进行量测。同一功能房间内，顶面、墙面、地面并排安装的末端面板均应进行测量，在面板上方用激光水平仪或拉5m线放出基准线，用钢直尺测量面板底盒中心位置与基准线的垂直距离，计算偏差值。同一墙面末端面板并排安装允许偏差为1mm。

（二）并列面板安装偏差实测检查方法

末端面板并列安装偏差应采用钢直尺和楔形塞尺量测。同一功能房间内，顶面、墙面、地面并排安装的末端面板均应进行实测，实测检查时采用钢直尺紧靠并列末端面板上部，用楔形塞尺插入缝隙测量。末端面板并列安装允许偏差为1mm。

（三）坐便器安装偏差实测检查方法

根据深化设计排板和坐便器产品尺寸，确定坐便器排水管的坐标距离和标高，每个卫生间坐便器排水管与装饰完成墙面距离作为1个实测点，实测值与设计值的偏差作为1个合格率计算点，每个卫生间坐便器后置水箱与装饰完成墙面间隙为1个测点，用钢卷尺进行量测，坐便器排污管安装允许误差为10mm；坐便器水箱与装饰完成墙面间隙不大于20mm。

（四）地漏安装偏差实测检查方法

根据深化设计排板，确定地漏排水管坐标位置，地漏宜居装饰面板中间排布，装饰板块四周找坡，每个卫生间地漏为1个实测点，装饰板块与地漏中间的差值作为1个合格率计算点，可用钢卷尺分别量测相邻墙面到地漏中心点的净距离，测得数据与设计文件相比较。地漏应低于周围地面5～10mm。

三、装饰装修工程

（一）楼地面工程实测检查方法

1. 表面平整度

卧室、起居室相同材料、工艺和施工条件的地面中间和边部用固定实测点不宜少于2个点；长边方向两侧踢脚线处距离墙面100mm范围内固定实测点不宜少于2个点，厨房、卫生间地面4个角部区域固定实测点不少于2个点，地面接近4个角部区域实测点应斜向布点。在地面长边方向的中间部位布点。楼地面工程表面平整度测量如图2-15所示。

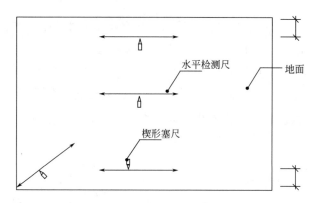

图2-15　楼地面工程表面平整度测量示意图

2. 缝格平直度

相同材料、工艺和施工条件的地面目测实测点不宜少于2个点，并应同时包含纵向和横向接缝，目测纵向、横向接缝较大点，在接缝上用激光水平仪或拉5m线放出基准线，用钢直尺测量接缝与基准线的距离，计算偏差值。楼地面工程缝格平直度测量如图2-16所示。

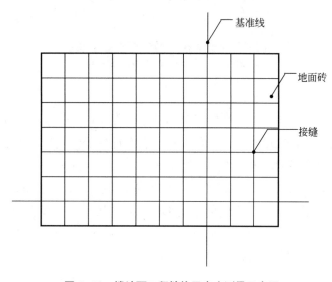

图2-16　楼地面工程缝格平直度测量示意图

3. 接缝高低差

相同材料、工艺和施工条件的地面目测实测点不宜少于4个点，目测偏差较大的点，用钢直尺紧靠相邻两块饰面材料，距离接缝10mm处用楔形塞尺插入缝隙测量。

（二）墙面工程实测检查方法

相同材料、工艺和施工条件的墙面工程，每个房间墙面均进行实测检查，每个墙面布点应符合相关标准的规定。每个检验批应抽取不少于20个墙面且不同户型。

1. 立面垂直度

卧室、起居室相同材料、工艺和施工条件的每一面墙两端和中部固定的实测点不宜少于3个点。厨房、卫生间每一面墙左右两端固定实测点不宜少于2个点。墙面长度大于4m，在墙面中部位置宜增加1个固定实测点；距离阴角或阳角200～300mm，且分别在距离地面和顶面100～300mm范围内布点，墙面中间实测点在中间部位布点；墙面有门窗洞口，在其洞口两侧，距离洞口100mm范围内不宜少于1个固定实测点，对混凝土结构墙体洞口内侧宜增加1个固定实测点。墙面工程立面垂直度测量如图2-17所示。

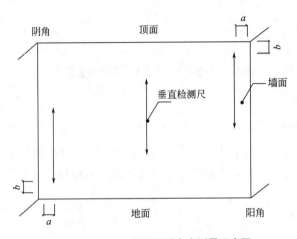

图2-17 墙面工程立面垂直度测量示意图
$a \leqslant 200～300mm$；$b=100～300mm$

2. 表面平整度

卧室、起居室相同材料、工艺和施工条件的每一面墙4个角部区域固定实测点不宜少于2个点，中间和底部水平或垂直方向固定实测点不宜少于2个点，厨房、卫生间每一面墙中部区域固定实测点不宜少于1个点，每一面墙顶部和根部4个角部区域，应在距离角端100mm范围内斜向实测布点；底部水平实测应在距地面100～300mm范围内布点；墙面中部实测应在墙面顶部和根部之间的中间部位布点，墙面有门窗洞口，在其洞口两侧，距离洞口100mm范围内竖向不宜少于1个实测点，且在洞口斜向部位不宜少于1个实测点。墙面工程表面平整度测量如图2-18所示。

3. 接缝高低差

相同材料、工艺和施工条件的每一面墙目测实测点不宜少于2个点，目测偏差较大点处，用钢直尺紧靠相邻两块饰面材料，距离接缝10mm处用楔形塞尺插入缝隙测量。

（三）抹灰工程实测检查方法

层高范围内普通抹灰墙体垂直度允许偏差0～4mm，高级抹灰允许偏差0～3mm。层高范围内普通抹灰墙体表面平整度允许偏差0～4mm，高级抹灰允许偏差0～3mm。

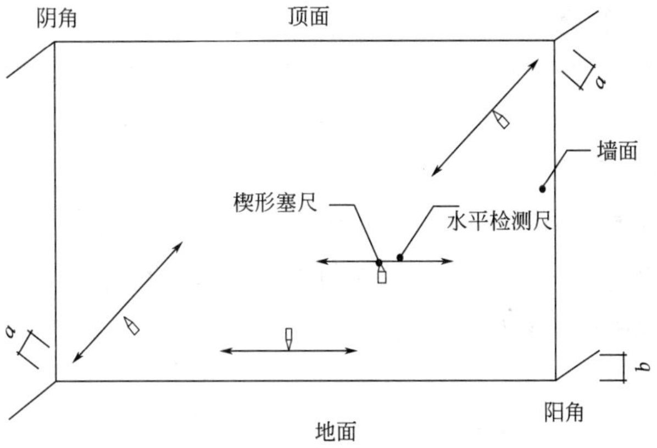

图 2-18　墙面工程表面平整度测量示意图

$a \leqslant 100mm$；$b=100 \sim 300mm$

1. 立面垂直度

每一面墙都作为1个实测区，有门窗、过道洞口的墙面必须测量。当墙长度小于3m时，同一面墙距两端头竖向阴阳角约300mm位置，分别按以下原则实测2次：一是靠尺顶端接触到上部混凝土顶板位置时测1次垂直度，二是靠尺底端接触到下部地面位置时测1次垂直度。

当墙长度大于3m时，同一面墙距两端头竖向阴阳角约300mm和墙体中间位置，分别按以下原则实测3次：一是靠尺顶端接触到上部混凝土顶板位置时测1次垂直度，二是靠尺底端接触到下部地面位置时测1次垂直度，三是在墙长度中间位置靠尺基本在高度方向居中时测1次垂直度。

2. 表面平整度

每一面墙都作为1个实测区，有门窗、过道洞口的墙面必须测量。当墙面长度小于3m时，在同一墙面顶部和根部4个角中，选取左上、右下2个角按45°斜放靠尺分别测量1次，在距离地面200mm左右的位置水平测1次。

当墙面长度大于3m，在同一墙面4个角任选两个方向各测量1次，在墙长度中间位置增加1次水平测量，在距离地面200mm左右的位置水平测1次；所选实测区墙面优先考虑有门窗、过道洞口的，在各洞口45°斜测1次。

（四）门窗工程实测检查方法

门窗工程实测检查，包括木门窗安装、铝合金门窗安装、银料门窗安装等门窗框正、侧面垂直度，门扇与地面间留缝，门扇与侧框间留缝等。门窗安装前，应对门窗洞口的宽度、高度、对角线长度差和位置偏差等项目进行实测检查，并应符合现行国家标准的有关规定。

1. 门窗框正、侧面垂直度

同一品种、类型和规格的门窗，每一门窗框固定实测点不少于2个点，且应同时包含正面、侧面门窗框，用1m垂直检测尺测量门窗立框的正面、开口侧面垂直度。

2. 门扇与地面间留缝

同一品种、类型和规格的每一门扇目测实测点不少于1个点，检查时关闭门窗，目测门扇与地面完成面之间最大缝隙处，用楔形塞尺实测。

3. 门扇与侧框间留缝

同一品种、类型和规格的每一门扇固定实测点不宜少于4个点，检查时关闭门扇，用楔形塞尺量测距门扇上、下边100mm处扇与侧框之间的间隙。门扇与侧框间留缝限值实测检查，所测数据应满足留缝限值1～3mm。

第三章 巡视检查

第一节 概述 ▶▶

巡视是指项目监理机构监理人员对施工现场进行的定期或不定期的检查活动。巡视检查是项目监理机构对实施建设工程监理的重要方式之一，是监理人员针对施工现场进行的日常检查。

巡视检查是监理人员的重要工作，是监理人员日常工作活动的重要内容，是全面了解掌握工程进展状态的基本途径。监理人员通过巡视检查，能够及时发现施工过程出现的各类质量、安全问题，对于保证工程施工质量、加强安全生产管理等起着重要作用。巡视检查也是进度、投资控制的重要手段，是对工程建设实施动态控制管理的主要手段。

巡视检查一般分为日常巡视检查和专项巡视检查。日常巡视检查一般包括工程施工质量巡视检查、建筑施工安全巡视检查。专项巡视检查一般包括项目监理机构的专项工作巡视检查、危险性较大分部分项工程专项巡视检查。项目监理机构应在监理规划的相关章节编制中体现巡视工作的方案、计划、制度等相关内容。针对专业性较强的分部分项工程，编制的监理实施细则中应明确巡视部位要点、巡视频率和措施；对于危险性较大的分部分项工程，应编制监理实施细则，制定专项巡视检查方案，明确巡检频率及要求等。

巡视的方法以目视和记录为主。巡视监理人员应配备必要的巡视检查设备，包括测量工具、影像、记录设备等，可根据现场情况使用无人机等辅助巡视设备。

第二节 日常巡视检查 ▶▶

项目监理机构按照现行《建设工程监理规范》GB/T 50319的规定要求，依据监理规划和监理实施细则等技术文件资料对工程施工进行巡视检查。主要巡视检查内容包括：

（1）检查施工单位是否按工程设计文件、工程建设标准和批准的施工组织设计、（专项）施工方案施工，施工单位不得擅自修改工程设计，不得偷工减料。

（2）检查是否按照工程设计要求、施工技术标准和合同约定，对建筑材料、建筑构配件、设备和商品混凝土等进行见证取样、平行检验，检验应当有书面记录和专人签字；未经检验或者检验不合格的，不得使用。

（3）检查项目经理、项目技术负责人及质量管理人员是否持证上岗，项目质量管理制度和质量保证体系是否执行和落实。

（4）检查特种作业人员的持证上岗情况，如电工、焊工、塔式起重机司机、架子工等。

一、工序施工质量巡视检查

按照现行《建设工程监理规范》GB/T 50319的规定要求，监理员应检查工序施工结果。

监理人员除对工程的关键部位、关键工序进行旁站监理外，对其他的施工部位、工序的质量控制则主要依靠巡视检查。巡视时如发现材料的规格、型号和质量不符合设计和施工方案要求，施工未按批准的施工方案执行，施工违反工程设计文件、工程建设标准和相关规范的规定等行为，监理人员要及时指出并要求施工单位整改。巡视检查是施工过程中重要的控制手段，可以减少返工量、缩短验收时间、加快施工节奏，对保证工程质量、降低工程成本和缩短施工周期起到一定作用。

巡视检查时应对在施的各个施工工序进行仔细核对、检查。例如某新建住宅小区，由6个地上十八层、地下二层住宅楼、1个地下一层地下车库组成，住宅楼为现浇混凝土剪力墙结构，车库为框架结构。目前住宅楼主体结构七层已浇筑完成，八层正在支设模板、绑扎钢筋。

监理人员应对每个住宅楼混凝土结构子分部包含的各分项工程的施工工序进行巡视检查，要点如下：

（一）对下部已浇筑完成楼层进行巡视检查

（1）混凝土的养护措施是否有效、可行、及时等；

（2）拆模后混凝土构件的尺寸偏差是否在允许范围内，有无质量缺陷、有无私自修补处理，经批准后修补处理是否符合要求；

（3）后浇带支撑有无擅自拆除。

（二）对在施主体结构模板分项的施工工序进行巡视检查

（1）作为模板支架基础的楼层混凝土的强度和龄期是否符合上人上料要求；

（2）后浇带的模板和支架是否独立设置；

（3）模板的接缝是否严密；模板内是否有杂物、积水或冰雪等；模板与混凝土的接触面是否平整、清洁；

（4）是否按方案涂刷隔离剂，隔离剂是否沾污钢筋、预应力筋、预埋件和混凝土接槎处；是否对环境造成污染；

（5）模板是否按照方案要求进行起拱；

（6）模板支撑的立杆间距和水平杆步距、剪刀撑和连墙件设置是否符合通过审批的施工方案的要求；

（7）柱墙支模前，柱墙钢筋、根部凿毛等隐蔽内容是否已经监理工程师验收合格。

（三）对在施主体结构钢筋分项的施工工序进行巡视检查

（1）钢筋是否锈蚀，有无被泥土或油渍等污染，是否已清理干净；

（2）钢筋的规格、型号是否符合设计要求；

（3）钢筋的弯钩角度、弯钩长度是否符合设计要求，钢筋的绑扎是否规范，有无漏绑或一个方向绑扎的现象；

（4）螺纹连接的钢筋是否齐头，套筒是否已拧紧；

（5）钢筋垫块、马凳等的规格、尺寸是否符合要求，强度能否满足施工需要，是否固定牢靠；不得用木块、大理石板等代替水泥砂浆（或混凝土）垫块；

（6）钢筋搭接长度、位置、连接方式是否符合设计要求，搭接区段箍筋是否按要求加密；梁柱接头或梁梁交叉部位有无主筋被截断、箍筋漏放等现象。

监理员巡视检查发现施工质量存在问题的，或施工单位采用不适当的施工工艺，或施工不当，造成工程质量不合格的，应向专业监理工程师或总监理工程师汇报。项目监理机构应及时签发监理通知单，要求施工单位整改。整改完毕后，项目监理机构应根据施工单位报送的监理通知回复对整改情况进行复查，提出复查意见，质量巡视检查情况、发现问题及整改落实情况应记录在监理日志中。

二、建筑施工安全巡视检查

（一）监理巡视检查的主要内容

项目监理机构根据监理规划及监理实施细则中明确的安全巡视检查方法、频率，落实巡视检查的监理人员，按照《建筑施工安全检查标准》JGJ 59—2011 的规定，对建筑施工安全进行定期、不定期的巡视检查，并做好巡视检查记录。

（1）检查当日施工作业内容及施工机械、人员情况；

（2）检查施工单位的安全管理体系是否正常运作及现场安全检查制度落实情况；

（3）检查施工单位专职安全生产管理人员到岗情况和特种作业人员持证上岗情况；

（4）检查施工单位是否按照批准的施工组织设计中的安全技术措施和专项施工方案施工，及时制止违规施工作业；

（5）检查施工现场各种安全标志和安全防护措施是否符合强制性标准要求，并检查安全生产费用的使用情况；

（6）检查施工现场施工起重机械、整体提升脚手架、模板等自升式架设设施和安全设施的验收手续，建筑起重机械定期检测、维护保养、运行情况；

（7）检查施工现场存在的安全隐患及整改情况。

（二）建筑施工安全巡视检查要点

在工程实施阶段，项目监理机构要求施工单位按照建筑施工安全技术规范、专项施工方案及《建筑施工安全检查标准》JGJ 59—2011的规定对各项安全生产工作进行安全检查，监理人员要参加建设单位组织的安全生产专项和例行检查。检查要点如下：

1. 基坑施工

（1）基坑施工应按照施工组织设计或专项施工方案要求进行；

（2）深度超过2m的基坑临边应设置防护；

（3）坑壁支护应按照方案实施，并按要求实施基坑环境监测，基坑变形最大值和日变形量不能超过规定的限值；

（4）基坑施工应设置有效降、排水系统；

（5）坑边荷载、堆土、机械设备距坑边距离符合方案规定的要求；

（6）上下基坑必须设置登高措施；

（7）进场施工机械已通过验收，司机持证上岗，作业区域设警戒线。

2. 模板支撑系统

（1）钢管支撑材质应符合规定，外径不得小于$\phi 48.3 \times 3.6$mm，无裂缝等，当所用钢管的壁厚不符合规范规定时，可以按钢管的实际尺寸进行设计计算；

（2）立杆稳定。立杆基础承载力应符合设计要求，并能承受支架上部全部荷载；基础应设排水设施；立杆底部应按规范要求设置底座、垫板；

（3）支架稳定。包括支撑高度、立柱间水平支撑、纵横向剪刀撑间距、立杆间距（纵向、横向）、连墙杆的设置等符合方案要求；

（4）施工均布荷载、集中荷载应在设计允许范围内；

（5）作业环境2m以上高处支模，作业人员应有可靠的立足点，防护设施完善。

3. 施工用电

（1）临时用电现场布置符合施工组织设计的用电平面图；

（2）高压线防护按方案搭设；

（3）支线架设高度应确保电缆线高度大于2.5m，架空线高度大于4m；

（4）现场照明架设高度大于2.4m，危险场所应使用安全电压；

（5）电箱应统一编号，放置高度下口高于60cm；

（6）动力开关电箱应做到一机、一闸、一漏、一箱；

（7）用电设备、机械设备有可靠的接地装置；

（8）变配电装置符合规范要求；供电采用三相五线制，配电室设警示牌、灭火器、绝缘毯、绝缘手套等；

（9）施工现场专用的电源中性点直接接地的低压配电系统应采用TN-S接零保护系

统；保护零线应由工作接地线、总配电箱电源侧零线或总漏电保护器电源零线处引出，电气设备的金属外壳必须与保护零线连接。

4. "三宝四口" 防护

（1）施工人员进入现场必须正确佩戴安全帽；

（2）在建工程应采用合格安全网封闭；

（3）2m以上高处作业必须系安全带；

（4）楼梯口应设临边扶手，电梯井口设防护门，电梯井内应每10m设一道平网；

（5）预留洞口、坑井设置可靠的防护措施；

（6）通道口设置防护棚，施工层超过24m高度设置双防护棚；

（7）阳台、屋面等临边必须设置可靠的防护栏杆。

5. 脚手架搭设

（1）立杆基础应有排水系统；

（2）架体与建筑物的拉结点水平方向每两个立杆间距小于3.6m，垂直方向每3.6m设一拉撑点；

（3）防护栏杆及安全网应在第二步以上设置；

（4）剪力撑应每9m设置一道；夹角为45°～60°；

（5）立杆间距（24m高度脚手架）不大于1.8m，水平高度不得大于2m；

（6）每四步设置一层隔篱笆；

（7）脚手架应设置登高斜道；出入口应设置通道防护棚；

（8）钢管脚手架四角设置保护接地及防雷接地。

6. 施工机具

（1）打桩机

1）打桩机械准用证齐全、有效；

2）打桩机超高限位装置符合要求，作业区域5m内无高压线；

3）起吊钢丝绳润滑良好，无断线超标现象；

4）桩机走车轨道铺设符合出厂说明书规定；

5）电动机械电源接线及控制系统接触可靠，连接电缆无破损。

（2）小型施工机具

1）搅拌机与砂浆机必须设置专用开关电箱，搭设操作防护棚，挂设安全操作规程牌、验收合格牌；

2）木工平刨机、电锯应搭设防护棚，设置专用开关电箱，安全装置齐全，挂设安全操作规程牌、验收合格牌；

3）电焊机应配置专用开关电箱、二次侧空载降压装置，一次侧电源线不超过5m，外壳有可靠接地，进出线侧设防护罩、有防雨措施，挂验收合格牌；

4）手持电动工具应设置开关电箱，有可靠接地装置，施工人员操作磨石子机、一类手持工具和潜水泵等时必须穿绝缘鞋，戴绝缘手套。

7. 操作平台

（1）落地操作平台

1）底部坚实平整，符合施工组织设计要求；

2）立杆、剪刀撑、拉结等符合施工组织设计要求，拉结必须与建筑物连接；

3）操作施工作业面四周防护严密、牢靠、安全；

4）登高扶梯齐全，进入作业面的通道牢固平整，无明显高低；

5）操作平台搭设完毕，经项目负责人验收，验收合格后应挂设验收合格牌、限载标志牌（内外均挂）方能使用。

（2）悬挑式卸料平台

1）搁置点与上部拉结点必须设置在建筑物上，不得设置在脚手架等其他施工设备上；

2）斜拉杆或钢丝绳在构造上两边各设前后两道；

3）应设置4个经过验算的吊环；

4）安装时钢丝绳绳卡不得少于4个；

5）悬挑平台安装完毕，经项目负责人验收，验收合格后挂设限载标志牌（内外均挂）才能使用。

8. 个人防护

（1）安全帽佩戴正确，系好帽扣；

（2）安全带完好无缺，使用时高挂低用；

（3）绝缘靴、绝缘手套、电焊工脸罩应完好并准确使用；

（4）专业施工人员须持证上岗；

（5）危险作业应有保护人员。

9. 现场消防

现场消防的巡视检查包括防火间距、消防车道、临时用房防火、在建工程防火、灭火器、临时消防给水系统、应急照明、可燃物及易燃易爆危险品管理，用火、用电、用气管理，其他防火管理的检查。

监理员通过对施工现场安全生产情况进行巡视检查，对发现的各类安全事故隐患及时反馈给监理工程师；项目监理机构根据存在的安全隐患，书面通知施工单位，并督促其立即整改；情况严重的，应及时下达工程暂停令，要求施工单位停工整改，并同时报告建设单位。安全事故隐患消除后，项目监理机构检查整改结果，签署复查或复工意见。施工单位拒不整改或不停工整改的，及时向工程所在地建设主管部门或工程项目的行业主管部门报告，以电话形式报告的，应当有通话记录，并及时补充书面报告。检查、整改、复查、报告等情况应记录在监理日志、监理月报中。

三、文明施工

（1）施工现场要按规定设置围挡，围挡高度应符合要求；

（2）施工现场要封闭管理并设置车辆冲洗设施，有防止泥浆、污水、废水污染环境的措施；

（3）施工现场的主要道路及材料加工区地面要硬化处理并有防止扬尘措施；

（4）施工现场材料码放要采取防火、防锈蚀、防雨、防火等措施；

（5）现场办公与住宿划分清晰，并采取相应的隔离措施；办公与宿舍用房的防火等级应符合规范要求；

（6）施工现场须有消防安全管理制度并制定消防措施；消防通道、消防水源符合规范要求；明火作业履行动火审批手续并配备动火监护人员；

（7）施工现场大门口处须设置公示标牌和安全标语等；

（8）施工现场应建立治安保卫制度，责任分解落实到人；

（9）施工现场应建立卫生责任制度并落实到人；

（10）施工现场应制定防粉尘、防噪声、防光污染以及施工不扰民等措施。

第三节　危大工程专项巡视检查 ▶▶

一、危大工程专项巡视检查的主要内容

危险性较大分部分项工程（以下简称危大工程）是指房屋建筑和市政基础设施工程在施工过程中，容易导致人员群死群伤或者造成重大经济损失的分部分项工程。项目监理机构应高度重视、认真对待、严格要求，要对危大工程施工实施专项巡视检查，重点巡视专项施工方案实施情况。巡视检查主要包括以下内容：

（1）施工单位要在施工现场显著位置设置公告栏，标明危大工程名称、施工时间和具体责任人员，以及危险区域安全警示标志；

（2）危大工程施工作业人员登记记录要齐全；

（3）方案编制人或项目技术负责人向施工现场管理人员进行方案交底；施工现场管理人员向作业人员进行安全技术交底；

（4）施工单位对危大工程进行安全巡视和安全检测。对于按规定需要进行第三方检测的危大工程，检查检测方案的实施情况；

（5）施工单位要按照专项施工方案组织实施；

（6）验收完成后，设置危大工程验收标识牌。

危大工程范围见表3-1。

危险性较大的分部分项工程范围表

表 3-1

分项工程名称	规模	子分项名称
一、基坑工程		1. 开挖深度超过3m（含3m）的基坑（槽）的土方开挖、支护、降水工程
		2. 开挖深度虽未超过3m，但地质条件、周围环境和地下管线复杂，或影响毗邻建、构筑物安全的基坑（槽）等的土石方开挖、支护、降水工程
	超规模	开挖深度超过5m（含5m）的基坑（槽）的土方开挖、支护、降水工程
二、模板工程及支撑体系		1. 各类工具式模板工程：包括滑模、爬模、飞模、隧道模等工程
		2. 混凝土模板支撑工程：搭设高度5m及以上，或搭设跨度10m及以上，或施工总荷载（荷载效应组合的设计值，以下简称设计值）10kN/m²及以上；或集中线荷载（设计值）15kN/m²及以上，或高度大于支撑水平投影宽度且相对独立无联系构件的混凝土模板支撑工程
		3. 承重支撑体系：用于钢结构安装等满堂支撑体系
	超规模	1. 各类工具式模板工程：包括滑模、爬模、飞模、隧道模等工程
		2. 混凝土模板支撑工程：搭设高度8m及以上，或搭设跨度18m及以上，或施工总荷载15kN/m²及以上；集中线荷载（设计值）20kN/m²及以上
		3. 承重支撑体系：用于钢结构安装等满堂支撑体系，单点集中荷载7kN以上
三、起重吊装及起重机械安装拆卸工程		1. 采用非常规起重设备、方法，且单件起吊重量10kN及以上的起重吊装工程
		2. 采用起重机械进行安装的工程
		3. 起重机械的安装和拆卸工程
	超规模	1. 采用非常规起重设备、方法，且单件起重量100kN及以上的起重吊装工程
		2. 起重量300kN及以上的起重设备安装工程，或搭设总高度200m及以上，或搭设基础标高200m以上的起重机械安装和拆卸工程
四、脚手架工程		1. 搭设高度24m及以上的落地式钢管脚手架（包括采光井、电梯井脚手架）
		2. 附着式升降脚手架工程
		3. 悬挑式脚手架工程
		4. 高处作业吊篮
		5. 卸料平台、操作平台工程
		6. 异形脚手架工程
	超规模	1. 搭设高度50m及以上的落地式钢管脚手架工程
		2. 提升高度150m及以上的附着式升降脚手架工程或附着式升降操作平台工程
		3. 分段架体搭设高度20m及以上的悬挑式脚手架工程
五、拆除工程		可能影响行人、交通、电力设施、通信设施或其他建、构筑物安全的拆除工程
	超规模	1. 码头、桥梁、高架、烟囱、水塔或拆除中容易引起有毒有害气（液）体或粉尘扩散、易燃易爆事故发生的特殊建、构筑物的拆除工程
		2. 文物保护建筑、优秀历史建筑或历史文化风貌区控制范围的拆除工程
六、暗挖工程		采用矿山法、盾构法、顶管法施工的隧道、洞室工程
	超规模	采用矿山法、盾构法、顶管法施工的隧道、洞室工程

续表

分项工程名称	规模	子分项名称
七、其他		1. 建筑幕墙的安装施工
		2. 钢结构、网架和索膜结构安装工程
		3. 人工挖孔桩工程
		4. 水下作业工程
		5. 装配式建筑混凝土预制构件安装工程
		6. 采用新技术、新工艺、新材料，可能影响施工安全，尚无国家、行业及地方技术标准的分部分项工程
	超规模	1. 施工高度50m及以上的建筑幕墙安装工程
		2. 跨度36m及以上的钢结构安装工程，或跨度60m及以上的网架和索膜结构安装工程
		3. 开挖深度16m及以上的人工挖孔桩工程
		4. 水下作业工程
		5. 重量1000kN及以上的大型结构整体顶升、平移、转体等施工工艺
		6. 采用新技术、新工艺、新材料，可能影响施工安全，尚无国家、行业及地方技术标准的分部分项工程

危大工程施工前，施工单位组织工程技术人员编制专项施工方案，技术负责人审核签字，加盖单位公章，报总监理工程师审查签字、加盖执业印章后方可实施；对于超过一定规模的危大工程，施工单位应当组织召开专家论证会对专项施工方案进行论证。

二、危大工程专项巡视检查要点

（一）基坑工程

监理人员应按照现行国家标准《建筑基坑工程监测技术标准》GB 50497—2019、现行行业标准《建筑基坑支护技术规程》JGJ 120—2012、《建筑施工土石方工程安全技术规范》JGJ 180—2009、《建筑施工安全检查标准》JGJ 59—2011及基坑工程专项施工方案，对基坑工程进行巡视检查。

（1）施工计划的实施情况，重点检查：基坑工程的施工进度，具体到基坑各分项工程的实际进度是否符合进度计划要求；机械设备配置，主要材料及周转材料投入、力学性能要求及取样复试试验等是否符合计划要求。

（2）施工工艺技术是否符合方案要求，重点检查：基坑工程所用的材料进场质量检查、抽检情况；基坑降水排水、支护、开挖、支护（支撑）拆除、坑边荷载、土方回填等施工工艺技术措施是否与方案中一致；基坑施工常见问题及预防、处理措施是否到位。

（3）施工安全保证措施的落实情况，重点检查：组织保障措施是否建立健全；安全保证措施、质量技术保证措施、文明施工保证措施、环境保护措施、季节性施工保证措施等落实情况；基坑降水排水、支护、开挖实施过程中的安全技术措施以及施工机械安全、临边防护、安全用电和施工人员个人防护等安全措施落实情况。

（4）监测监控措施，重点检查：监测组织机构、监测范围、监测项目、巡视检查、信息反馈；基坑监测基准点、监测点等的布置、监测方法、频次等是否与监测方案一致；监测数据上传、上报的及时性，基坑各类变形监测数据达到预警值的处理措施等。当监测结果变化速率较大时，应督促施工单位加密观测次数。监理人员应重点巡视检查施工单位对基坑支护结构开裂、位移等变形的监测情况，检查坑壁的稳定、监测桩位、护壁墙面、主要支撑杆、连接点、挡土构件及坡顶是否有变形、裂缝等情况。当发现异常和危险情况时，应及时签发书面通知，要求施工单位采取措施整改。

监测监控期应从基坑工程施工前开始，直至基坑工程完成为止（要明确不能出现错误）。

（5）施工管理及作业人员配备和分工是否与方案一致，能否满足现场管理及施工需要，重点检查：施工管理人员、专职安全生产管理人员、特种作业人员、其他作业人员等。

（6）现场作业环境的安全巡视检查

1）检查基坑内土方机械、施工人员的安全距离是否符合规范要求。巡视检查挖掘机、铲运机等施工机械与基坑边沿的安全距离，挖掘机旋转半径范围内严禁站人。

2）检查施工单位基坑内的垂直运输作业及设备（通道、踏步、踢脚板、栏杆、安全网等）设置是否符合相关规范规定，上下层垂直作业是否按规定采取有效防护措施，交叉作业、多层作业上下层之间是否设置隔离层。严禁施工作业人员沿坑壁、支撑或乘坐运土工具上下基坑。禁止下层作业人员在防护栏杆、平台等构件的下方休息、逗留。

3）机械作业不宜在地下管线或燃气管道2m范围内进行。在电力、通信、燃气、上下水等管线2m范围内挖土时，应探明其准确位置并采取措施保证其安全。巡视检查施工单位的安全保护措施，督促施工单位设专人进行监护。

4）巡视检查施工作业区域的照明及电气设备。施工作业区域应采光良好，当光线较弱时，应设置有足够照度的光源。深基坑施工的照明、电箱的设置、周围环境以及各种电气设备的架设、使用均应符合有关规范规定。

（7）应急措施、设施及物资准备情况是否与方案一致。对于基坑工程可能出现变形监测数据超过报警值、周边建（构）筑物倾斜开裂、管线破裂等征兆，以及施工中可能出现基坑坍塌、机械伤害、高处坠落、物体打击、窒息中毒、触电等事故风险，监理人员应检查应急预案和应急预案的交底、演练措施等落实情况。

（二）模板工程及支撑体系

监理人员应按照现行行业标准《建筑施工模板安全技术规范》JGJ 162—2008和《建筑施工扣件式钢管脚手架安全技术规范》JGJ 130—2011、《建筑施工门式钢管脚手架安全技术标准》JGJ/T 128—2019、《建筑施工碗扣式钢管脚手架安全技术规范》JGJ 166—2016、

《建筑施工承插型盘扣式钢管脚手架安全技术标准》JGJ/T 231—2021、《建筑施工安全检查标准》JGJ 59—2011 及模板支架体系专项施工方案，对模板工程及支撑体系工程进行巡视检查。

（1）施工计划的实施情况，重点检查：模板支撑体系工程的施工进度，具体到模板支撑体系各分项工程的实际进度是否符合进度计划要求；检查模板、架体（杆件、附件）等材质及模架安装、混凝土浇筑设备等是否符合计划要求。

（2）施工工艺技术是否符合方案要求，重点检查：模板支撑体系主要材料进场质量检查；高大模板支撑体系的地基与基础、支撑体系搭设（有无预压）、使用及拆除工艺流程、材料的力学性能指标、支架构造及稳定设置（如剪刀撑、周边拉结、后浇带支撑设计等）、施工荷载、混凝土浇筑等施工工艺技术措施是否与方案中一致。

（3）施工安全保证措施的落实情况，重点检查：组织保障措施是否建立健全；安全保证措施、质量技术保证措施、文明施工保证措施、环境保护措施、季节性施工保证措施等落实情况；模板支撑体系搭设及钢筋安装、混凝土浇筑区域安全管理；模板安装和拆除的安全技术措施等落实情况。

（4）监测监控措施，重点检查：模板及架体变形监测点布置、监测方法、混凝土浇筑过程中监测频次等是否与监测方案一致，各类变形监测数据达到报警值的处理措施等；施工荷载监测应安排专人进行，各类监测数据记录应及时反馈。

（5）施工管理及作业人员配备和分工是否与方案一致，能否满足现场管理及施工需要，重点检查：施工管理人员、专职安全生产管理人员配置、架子工持证上岗及数量能否满足要求等。

（6）应急措施、设施及物资准备情况是否与方案一致。对可能出现模板体系坍塌、模板堆放倾翻、模板配件坠落引起的物体打击及高处坠落、机械伤害、触电等事故风险，检查应急预案和应急预案的交底、演练措施等落实情况。

（三）起重吊装及起重机械安装拆卸工程

监理人员应按照现行标准《起重机械安全规程》GB 6067、《建筑施工安全检查标准》JGJ 59—2011 和起重吊装及起重机械安装拆卸专项施工方案，对起重吊装及安装拆卸等作业进行巡视检查。

（1）施工计划的实施情况，重点检查：起重吊装及起重机械安装拆卸工程的施工进度，具体到起重吊装及安装、加臂增高起升、设备拆卸等各分项工程的实际进度是否符合进度计划要求；起重设备选型、进退场、安装拆卸、辅助安装机械（汽车式起重机、塔式起重机等）、工器具、起吊构件的堆放等是否符合计划要求。

（2）施工工艺技术是否符合方案要求，重点检查：起重吊装设备位置、起重吊装及安装施工工艺、二次运输路径、批量设备运输顺序排布、行走路线、构件的翻身起吊方式、顶升加节、拆卸等施工工艺技术措施是否与设备说明书及施工方案一致。

（3）多机种联合作业、群塔作业等是否符合施工方案要求，重点检查：吊装及安装拆卸、机械设备及材料的使用、吊装过程中的操作方法、吊装作业后机械设备和材料拆除方法等。

（4）施工安全保证措施的落实情况，重点检查：安全生产责任制落实情况；安全保证措施、质量技术保证措施、文明施工保证措施、环境保护措施、季节性及防台风施工保证措施等落实情况；起重吊装及起重机械安装拆除区域安全管理、安全技术交底、现场指挥通信、安装和顶升加节及拆除安全技术措施、对周边环境防护、监测监控措施等是否落实到位；吊装与拆卸过程中临时稳固、稳定措施，涉及临时支撑的，应有相应的施工工艺；吊装与拆卸过程主要材料、辅助机械设备进场质量检查、抽检；试吊作业方案及试吊前对照专项施工方案有关工序、工艺、工法进行安全质量检查。

（5）监测监控措施，重点检查：监测点的设置，监测仪器、设备和人员配备，监测方式、方法、频率、信息反馈等。

（6）施工管理及作业人员配备和分工是否与方案一致，能否满足现场管理及施工需要，重点检查：吊装工程管理人员、专职安全生产管理人员、各类特种作业人员（包括吊车司机、指挥人员、司索工、电工、焊工等）的数量，应提供名单、上岗证编号。

（7）作业环境巡视检查

1）检查起重机行走作业处地面承载能力是否符合产品说明书的要求。当现场地面承载能力不满足规定时，可采用铺设路基箱等方式提高承载力。

2）检查起重机与架空线路的安全距离。起重机靠近架空输电线路作业或在架空输电线路下行走时，与架空线路的安全距离除应符合国家现行标准《施工现场临时用电安全技术规范》JGJ 46—2005 的规定外，尚应满足以下要求：

起重机馈电裸滑线与周围设备的距离应满足表3-2要求。

起重机馈电裸滑线与周围设备的安全距离（m） 表3-2

距地面高度	>3.5
距汽车通道高度	>6
距一般管道	>1
距氧气管道及设备	>1.5
距易燃气体及液体管道	>3

起重机与输电线的距离应满足表3-3要求。

起重机与输电线的最小距离 表3-3

输电线路电压（V/kV）	<1	1~20	35~110	154	220	330
最小距离（m）	1.5	2	4	5	6	7

（8）应急措施、设施及物资准备情况是否与方案一致。对起重吊装工程可能出现的起重伤害、吊机倾覆、物体打击、高处坠落、触电等事故，检查应急预案和应急预案的交底、演练措施等落实情况。

（四）脚手架工程

监理人员应按照现行行业标准《建筑施工扣件式钢管脚手架安全技术规范》JGJ 130—2011和《建筑施工门式钢管脚手架安全技术标准》JGJ/T 128—2019、《建筑施工碗扣式钢管脚手架安全技术规范》JGJ 166—2016、《建筑施工承插型盘扣式钢管脚手架安全技术标准》JGJ/T 231—2021、《建筑施工安全检查标准》JGJ 59—2011及脚手架工程专项施工方案，对脚手架工程进行巡视检查。

（1）施工计划的实施情况，重点检查：脚手架总体施工方案及各工序施工方案，具体到施工总体流程、施工顺序及进度是否符合进度计划；脚手架选用材料的规格型号、设备、数量及进场和退场时间是否符合计划安排。

（2）施工工艺技术是否符合方案要求，重点检查：脚手架主要材料进场质量；脚手架的地基与基础、安装平台；主要搭设和安装、使用、升降及拆除工艺流程；脚手架搭设、构造措施（如剪刀撑、周边拉结、基础设置及排水措施等），附着式升降脚手架的安全装置（如防倾覆、防坠落、安全锁等）设置，安全防护设置等。

（3）施工安全保证措施的落实情况，重点检查：安全组织保障措施、质量技术保证措施、文明施工保证措施、环境保护措施、季节性施工保证措施等；脚手架搭设、安装、拆除区域安全管理；安装和拆除安全技术措施；监测组织机构、监测范围、监测项目、监测方法、监测频率、预警值及控制值、巡视检查、信息反馈、监测点布置等监测监控措施是否落实到位。

（4）施工管理及作业人员配备和分工是否与方案一致，能否满足现场管理及施工需要，重点检查：施工管理人员、专职安全生产管理人员配置、架子工持证上岗及数量能否满足要求等。

（5）应急措施、设施及物资准备情况是否与方案一致。对脚手架工程可能出现的脚手架坍塌、高处坠落、物体打击、触电、火灾等事故风险，检查应急预案和应急预案的交底、演练措施等落实情况。

（五）拆除工程

监理人员应按照拆除工程相关现行标准、安全技术规范及拆除工程专项施工方案，对拆除工程进行巡视检查。

（1）施工计划的实施情况，重点检查：拆除工程总体施工方案及各工序施工方案，具体到施工总体流程、施工顺序及进度是否符合进度计划；拆除施工准备、拆除施工实施、拆除施工机械进退场、旧料及废弃物堆放、运输等是否符合计划要求。

（2）施工工艺技术是否符合方案要求，重点检查：拆除工程总的施工工艺流程和主要施工方法的施工工艺；拆除工程整体、单体或局部的拆除顺序；施工方法和操作要求，如人工、机械、爆破和静力破碎等各种拆除施工方法的工艺流程、要点，常见问题及预防、处理措施；拆除工程所用的主要材料、设备进场质量检查、抽检；拆除前及施工过程中对照专项施工方案有关检查内容等。

（3）施工安全保证措施的落实情况，重点检查：安全组织保障措施；安全保证措施、质量技术保证措施、文明施工保证措施、环境保护措施、季节性施工保证措施等；拆除区域安全管理；拆除工程对周围相邻建筑安全产生危险时的相应保护措施；安装和拆除安全技术措施；拆除场地及周边环境的监测监控措施，监测点的设置、监测仪器设备和人员的配备、监测方式方法、信息反馈等。

（4）施工管理及作业人员配备和分工是否与方案一致，能否满足现场管理及施工需要，重点检查：施工管理人员、专职安全生产管理人员的配备和职责分工，拆除工程各专业特种作业人员数量、持证上岗情况及进退场时间等。

（5）应急措施、设施及物资准备情况是否与方案一致。对拆除工程施工中可能出现的坍塌、物体打击、作业人员高处坠落、机械伤害、火灾、爆炸、窒息中毒、触电等安全事故风险，检查应急预案和应急预案的交底、演练措施等落实情况。

（六）暗挖工程

监理人员应按照暗挖工程相关现行标准、安全技术规范及暗挖工程专项施工方案，对暗挖工程进行巡视检查。

（1）施工计划的实施情况，重点检查：暗挖工程的施工进度，具体到各分项工程的进度是否符合进度计划；机械设备配置，主要材料及周转材料投入、力学性能要求及取样复试试验等是否符合计划要求，在材料与设备计划中，需要检查各类施工机械的规格、数量和进退场时间；监测仪器设备配置、劳动力能否满足施工要求；季节性施工，特别是雨期施工时段是否符合计划要求。

（2）施工工艺技术是否符合方案要求，重点检查：暗挖工程所用的材料、构件进场质量；暗挖工程总的施工工艺流程和各分项工程工艺流程；暗挖工程地下水控制、降水排水及开挖方式（如矿山法、盾构法）、支护方式（如初期支护、二次衬砌）是否与方案一致；相关技术参数、操作要求是否与方案一致；施工工艺技术能否保证工序施工质量；常见问题及预防、处理措施是否到位。对暗挖工程施工重点和关键点检查应加大频次、力度。

（3）施工安全保证措施的落实情况，重点检查：安全组织保障措施；安全保证措施、质量技术保证措施、文明施工保证措施、环境保护措施、季节性施工保证措施等；开挖实施过程中的安全技术措施、降水排水措施等。还应检查施工机械安全、洞顶防护、安全用电和现场施工人员个人防护等。

（4）监测监控措施，重点检查：监测组织机构、监测范围、监测项目、巡视检查、信息反馈、监测点布置等；变形监测方法、频次与监测方案是否一致，各类变形监测数据是否达到预警值，以及变形达到预警值后的处理措施。

（5）施工管理及作业人员配备和分工是否与方案一致，能否满足现场管理及施工需要，重点检查：施工管理人员、专职安全生产管理人员、特种作业人员、其他作业人员等的配备数量及责任，是否持证上岗、分工合理。

（6）应急措施、设施及物资准备情况是否与方案一致。对暗挖工程施工中可能出现的坍塌、机械伤害、物体打击、高处坠落、触电等安全事故风险，监理人员应检查应急预案和应急预案的交底以及救援电话、救援路线、车辆人员等落实情况。

（七）其他

对于专业性较强、危险性较大且施工工艺复杂的其他工程（建筑幕墙安装、钢结构、网架和索膜结构安装、人工挖孔桩、水下作业、装配式建筑混凝土预制构件安装以及采用新技术、新工艺、新材料、新设备可能影响工程施工安全，尚无国家、行业及地方技术标准的分部分项工程等），除按上述要点内容进行检查外，还应重点检查：

（1）有专业承包资质的工程，承包单位的安全管理责任制落实情况、风险管控、应急预案的实施情况。

（2）危大工程施工所采用的安全技术措施是否符合工程建设强制性标准要求。

（3）对于超过一定规模的危大工程施工中的重点及难点部位的巡视检查，为保证施工安全，可聘用专家或第三方专业机构进行专项巡视检查。

监理员巡视检查危大工程，若发现施工作业中存在安全问题，应督促施工单位整改，并向专业监理工程师或总监理工程师汇报。项目监理机构应根据监理员反馈的问题签发监理通知单，要求施工单位整改。情况严重时，应签发工程暂停令，并应及时报告建设单位。施工单位拒不整改或不停止施工时，项目监理机构应及时向有关主管部门报送监理报告。对于按照规定需要进行第三方监测的危大工程，项目监理机构应要求监测单位按照监测方案及时向建设单位、项目监理机构报送监测成果；发现异常时，项目监理机构应要求施工单位及时采取处置措施。

监理员应把危大工程巡视检查情况、安全隐患及整改落实情况记录在危大工程专项巡视检查记录中。

第四章　旁站监理

第一节　概述 ▶▶

　　旁站是指项目监理机构对工程的关键部位或关键工序的施工质量进行的监督活动。关键部位、关键工序应根据工程类别、特点及有关规定确定。

　　《建设工程质量管理条例》第三十八条规定了在工程施工过程中监理人员旁站的要求，即监理工程师应当按照工程监理规范的要求，采取旁站、巡视和平行检验等形式，对建设工程实施监理。《房屋建筑工程施工旁站监理管理办法（试行）》（建市〔2002〕189号）中对要求实施旁站监理的关键部位和关键工序、旁站监理的程序、旁站监理人员的职责等做出了说明与规定。当旁站监理人员发现承包单位有违反工程建设强制性标准的行为时，有权采取措施要求承包单位立即整改；发现其施工活动已经或者可能危及工程质量的，总监理工程师可以向承包单位下达局部暂停施工指令。因此监理企业进行旁站监理是法律赋予的重要职责，是监理企业控制关键工序、关键部位施工质量的重要手段和有力措施。

　　为了保证工程质量，必须制定和采取一套行之有效的管理办法。对施工过程中的一些重点问题、重点部位和容易忽视的方面进行重点检查和监控。制定切实可行的旁站监理方案，旁站监理方案中明确旁站监理的范围、内容、程序和旁站监理人员职责等。项目监理机构应根据工程特点和施工单位报送的施工组织设计，将影响工程主体结构安全的、完工后无法检测其质量的或返工会造成较大损失的部位及其施工过程作为旁站的关键部位、关键工序，安排监理人员进行旁站，并及时记录旁站情况。

　　房屋建筑工程的关键部位、关键工序，在基础工程方面包括：土方回填，混凝土灌注桩浇筑，地下连续墙、土钉墙、后浇带及其他结构混凝土、防水混凝土浇筑，卷材防水层细部构造处理，钢结构安装；在主体结构工程方面包括：梁、柱节点钢筋隐蔽过程，混凝土浇筑，预应力张拉，装配式结构安装，钢结构安装，网架结构安装和索膜安装。

第二节　旁站监理的工作程序和职责 ▶▶

一、旁站监理的工作程序

监理企业在编制监理规划时，应当制定旁站监理方案，明确旁站监理的范围、内容、程序和旁站监理人员职责等。旁站监理方案应当送建设单位和施工企业各一份，并抄送工程所在地的建设行政主管部门或其委托的工程质量监督机构。

施工企业根据监理企业制定的旁站监理方案，在需要实施旁站监理的关键部位、关键工序进行施工前24h，应当书面通知监理企业派驻工地的项目监理机构。项目监理机构应当安排旁站监理人员按照旁站监理方案实施旁站监理。

（1）开工前，项目监理机构应根据工程特点和施工单位报送的施工组织设计，确定旁站的关键部位、关键工序，按要求编制旁站监理方案，并书面通知建设单位、施工单位。

（2）旁站监理方案中关键部位、关键工序施工前24h，施工单位书面通知项目监理机构。

（3）项目监理机构接到施工单位书面通知后安排人员实施旁站监理。

（4）旁站监理人员应当认真履行职责，在现场跟班监督关键部位、关键工序的施工。

（5）在旁站过程中发现施工单位未按施工规范、设计文件和施工组织设计、（专项）施工方案施工或施工质量不满足验收规范要求的，监理人员有权要求施工单位及时纠正或签发监理通知单进行整改。

（6）按要求如实准确地做好旁站记录，保存旁站原始资料。旁站监理人员未在旁站记录上签字的，不得进行下一道工序施工。

二、旁站监理的职责

（1）检查施工企业现场质检人员到岗、特种作业人员持证上岗以及施工机械、建筑材料准备情况。

（2）在现场跟班监督关键部位、关键工序的施工方案以及工程建设强制性标准执行情况。

（3）检查进场建筑材料、构配件、设备和商品混凝土的质量检验报告等，并可在现场监督施工单位进行检验或者委托具有资格的第三方进行复验。

（4）做好旁站记录，保存旁站监理原始资料。

（5）旁站监理过程中，对施工中出现的偏差及时纠正，保证施工质量。发现施工单位有违反工程建设强制性标准行为的，应责令施工单位立即整改；发现其施工活动已经或者可能危及工程质量时，应当及时向专业监理工程师或总监理工程师报告，由总监理工程师下达暂停令，指令施工单位整改。

旁站人员应当认真履行职责，对需要实施旁站的关键部位、关键工序在施工现场跟班，及时发现和处理旁站过程中出现的质量问题，如实准确地做好旁站记录。凡旁站监理人员未在旁站记录上签字的，不得进行下一道工序施工。总监理工程师应当及时掌握旁站工作情况，并采取相应措施解决旁站过程中发现的问题，监理文件资料管理人员应妥善保管旁站方案、旁站记录等相关资料。

第三节　旁站监理的方法和要点 ▶▶

一、旁站监理的方法

旁站监理的方法主要包括现场监督、现场检测、现场试验和现场指令等几个方面。

（一）现场监督

监督施工单位按工程建设强制性标准、工程施工质量验收规范和已审批的施工组织设计（或方案）进行施工。

（二）现场检测

采用目测法对进场的原材料、设备及构配件进行"看、摸、敲、照"，从感观上判定其是否符合要求；用经纬仪、水准仪、钢尺、角尺和靠尺等检测工具对即将施工的部位或已施工完的部位进行检查，确定其尺寸、形状、标高、垂直度、平整度是否符合要求。

（三）现场试验

用混凝土坍落度桶检查混凝土的坍落度是否符合要求，对有疑问的材料或试件进行平行检验等。

（四）现场指令

对于施工中发生的质量、安全问题，项目监理机构根据问题的严重程度下达口头指令或监理通知单等书面指令。

二、旁站监理的要点

（一）混凝土结构工程

（1）检查施工单位现场质检员、安全员到岗履职情况以及特种作业人员持证上岗情况；

（2）施工机械设备情况良好，满足施工要求；

（3）混凝土浇筑、振捣按批准的施工方案施工，符合工程建设强制性标准条文要求；

（4）施工现场安全防护措施到位；

（5）检查混凝土交货检验单，复核混凝土强度等级，现场抽测混凝土坍落度值，符合设计配合比要求；

（6）商品混凝土原材料合格证、材料复试报告及混凝土的强度等级、抗渗等级、凝结时间、混凝土浇筑量等符合要求；

（7）检查混凝土试块留置情况；

（8）现场随时检查钢筋是否存在踩踏现象，模板及模板架体是否存在胀模及漏浆情况，模板支撑架体是否存在变形、是否牢固。

（二）卷材防水层施工

（1）检查施工单位现场质检员、安全员到岗履职情况及特种作业人员持证上岗情况；

（2）施工机械设备情况良好，满足施工要求；

（3）防水施工按批准的施工方案施工，符合工程建设强制性标准条文要求；

（4）施工现场安全防护措施到位；

（5）防水材料合格证、产品性能检测报告和防水材料复试报告符合要求；

（6）基层的表面干净、干燥，并涂刷基层处理剂；

（7）检查卷材防水层在转角处、变形缝、施工缝、穿墙管等部位是否铺贴卷材加强层，加强层宽度是否符合规范要求；

（8）检查阴阳角是否按规范要求做圆弧处理；

（9）铺贴完的卷材防水层应平整、顺直，搭接宽度符合规范要求；

（10）卷材防水层的搭接缝应粘贴或焊接牢固，密封严密，不得有空鼓、扭曲、折皱、翘边和起泡等。

（三）土方回填工程

（1）检查施工单位现场质检员、安全员到岗履职情况及特种作业人员持证上岗情况；

（2）施工机械设备情况良好，满足施工要求；

（3）施工现场安全防护措施到位；

（4）土方回填按批准的土方施工方案施工，符合工程建设强制性标准条文要求；

（5）土方回填前检查基底的垃圾、树根等杂物清除情况；

（6）回填土粒径、回填土有机物含量应满足规范要求；

（7）回填土含水量、铺土厚度、压实遍数等符合要求；

（8）边、角等机械夯不到的部位应采取其他方式夯实；

（9）检查是否按规定进行分层取样，取样数量和位置与施工方案的要求相符。

（四）梁、柱节点钢筋隐蔽

（1）检查施工单位现场质检员、安全员到岗履职情况及特种作业人员持证上岗情况；

（2）施工机械设备情况良好，满足施工要求；

（3）安全防护措施到位；

（4）钢筋工程按批准的施工方案施工，符合工程建设强制性标准条文要求；

（5）钢筋质量证明文件齐全有效，且钢筋复试合格；

（6）钢筋的数量、规格、钢筋锚固长度及钢筋连接方式符合要求；

（7）钢筋接头不宜留置在加密区内；

（8）钢筋保护层厚度必须符合设计要求；

（9）钢筋间距应符合设计要求。

（五）钢结构安装工程

（1）检查施工单位现场质检员、安全员到岗履职情况及吊装作业人员、信号工、焊工等特种作业人员持证上岗情况；

（2）施工机械设备情况良好，满足施工要求；

（3）钢结构吊装作业范围内设立警戒线和醒目的警戒标志并安排专人警戒，吊索与吊钩连接之间需有可靠连接锁定，安全防护措施到位；

（4）钢结构安装按批准的施工方案施工，符合工程建设强制性标准条文要求；

（5）钢结构构件、安装螺栓、定位销钉、垫片合格证齐全有效，钢构件复试合格；

（6）吊装单元主要尺寸与施工方案一致，钢结构构件吊装前按要求进行预拼装；

（7）吊装钢结构构件编号、吊装顺序及安装位置与施工方案一致；

（8）焊工姓名与上岗证书相符，在上岗证许可范围内进行施焊作业；

（9）钢结构支座弹出轴线、安装线、标高符合设计要求；

（10）构件吊装就位后，进行实测并及时校正，构件的轴线、垂直度、标高符合要求；

（11）竖直结构的垂直度在允许偏差范围之内，钢柱的上下节对齐；

（12）水平结构（网架、大梁）的起拱值、挠度值符合设计规定，偏差在规定允许范围内；

（13）螺栓节点的安装质量符合相关规定；

（14）焊接按焊接工艺评定的要求施工，焊缝质量符合设计和施工规范的要求。

第四节　旁站监理记录要求及示例 ▶▶

旁站监理记录是监理工程师或者总监理工程师依法行使有关签字权的重要依据。对于需要旁站监理的关键部位、关键工序施工，凡没有实施旁站监理或者没有旁站监理记录的，监理工程师或者总监理工程师不得在相应文件上签字。在工程竣工验收后，监理企业将旁站监理记录存档备查。

旁站记录内容应真实、准确并与监理日志相吻合。对旁站的关键部位、关键工序，应按照时间或工序形成完整的记录。必要时可进行拍照或录像，记录当时的施工过程。

旁站记录应按现行《建设工程监理规范》GB/T 50319的要求填写，填写示例详见表4-1。

旁站记录
表4-1

工程名称：××综合楼

编号：001

旁站的关键部位、关键工序	一层柱、墙梁、板混凝土浇筑	施工单位	××公司
旁站开始时间	2015年3月23日15时0分	旁站结束时间	2015年3月24日4时20分

旁站的关键部位、关键工序施工情况：

　　晴转小雨，温度15～22℃。

　　采用商品混凝土，4根振动棒振捣，现场有施工员1名，质检员1名，班长1名，施工作业人员25名，完成的混凝土数量共有695m³（其中1层第三施工段剪力墙，柱C40　230m³，2层第一施工段梁、板C30　465m³），施工情况正常。

　　现场共做混凝土试块16组（一层墙柱C40　6组，其中3组标养试块，3组同条件试块；二层梁板C30　10组，5组标养试块，5组同条件试块）。

　　检查了施工单位现场质检人员到岗情况，施工单位能执行施工方案，检查了商品混凝土的标号和出厂合格证，结果情况正常。

　　剪力墙、柱、梁、板浇捣顺序严格按照方案执行。

　　现场抽检混凝土坍落度，梁、板C30为175mm、190mm、185mm、175mm、186mm（设计坍落度180±30mm），剪力墙、柱C40为175mm、185mm、175mm、182mm（设计坍落度180±30mm）。

发现的问题及处理情况：

　　因3月24日凌晨4点开始下小雨，为避免混凝土表面的外观质量受影响，已经做好防雨措施，用塑料布进行表面覆盖。

旁站监理人员（签字）
2015年3月24日

注：本表一式一份，项目监理机构留存。

第五章 工程量核实与进度核查

第一节 概述 ▶▶

根据现行《建设工程监理规范》GB/T 50319的要求，监理员的职责之一是复核工程计量有关数据，工程量核实是工程计量的基础工作。

工程量即工程的实物数量，是以物理计量单位或自然计量单位所表示各个分项或子分项工程和构配件的数量。工程量是项目的原始数据，是确认项目计价的基础，也是确认项目实际成本的依据；是核算材料损耗率的标准，也是项目工料机对比分析的尺度。工程量核实是指监理人员根据建设工程的施工承包合同、工程量清单、设计图纸、设计变更、施工签证、竣工图等资料，按照预算定额工程量计算规则，对工程子项进行工程量计算，并与施工单位所提交的工程量进行比较，最终确定工程量的工作。项目监理机构要熟悉施工合同价款的计价方式、施工投标报价及组成等内容，建立造价控制动态台账、月完成工程量统计表，对实际完成量与计划完成量进行比较分析，发现偏差的，要提出调整建议。

进度核查是进度控制的一项基础工作，项目监理机构要定期对工程实际形象进度进行检查、核实。有了核查数据才能用实际进度与计划进度进行对比，发现偏差，分析偏差出现的原因，要求施工单位采取针对性的有效措施进行纠偏，确保工程进度目标的顺利实现。同时，进度核查数据也是处理事后可能出现的工期延误索赔的重要原始证据。项目监理机构要熟悉施工合同工期，对工程施工进度实施动态管理。项目监理机构应定期比较分析工程施工实际进度与计划进度，预测实际进度对工程总工期的影响，并应在监理月报中向建设单位报告工程实际进展情况。

本章将分别详述工程量核实和进度核查的依据、原则、程序等内容。

第二节　工程量核实 ▶▶

工程量核实是监理单位开展造价控制工作的重要环节。

一、工程量核实的依据

工程量核实的依据主要有四大类，分别为：

（1）施工承包合同。施工承包合同中约定了工程量提交和核实的时间节点和工作流程；

（2）设计图纸、设计变更、竣工图。计算工程量的几何尺寸要以设计图纸为依据，项目监理机构对施工单位超过设计图纸要求增加的工程量和自身原因造成返工的工程量，不予计算；

（3）工程量清单计算规范。工程量清单计算规范规定了每一项目的计量方法，同时还规定了按计量方法确定的单价所包括的工作内容和范围；

（4）质量验收合格证明。对于施工单位已完成的工程量，并不是全部进行核实，而是只有质量达到合同标准的才予以核实，所以工程量核实必须与质量验收工作紧密配合。

二、工程量核实的原则

（1）工程量核实的范围、内容、方法和计量单位要符合合同条款、工程量清单说明等规定；

（2）工程量核实的项目，其质量要符合质量验收规范的要求，检查验收合格，签认手续齐全；

（3）因设计变更和索赔而产生的工程量，无批准文件不予核实；

（4）在无设计变更和签证单的情况下，单项工程的最终工程量一般不得超过清单中的总量；

（5）对工程量的核实应合规、真实、准确、及时。

三、工程量核实的程序

（1）施工单位按照合同约定的周期和时间节点提交工程款支付申请，同时附带工程量计算书和质量验收合格证明；

（2）项目监理机构在收到施工单位所提交的资料后，由总监理工程师安排负责投资控制的监理工程师进行初步审核；

（3）专业监理师可以和监理员一起对施工单位提交的工程量进行核实，也可以安排监理员单独进行。对报验资料不全、与合同文件及设计文件不符、未经验收或验收不合格、因施工单位原因造成的超范围施工或返工的工程量不予核实；

（4）项目监理机构计算完成工程量后，与施工单位提交的工程量进行对比，对不一致的项目，将通知施工单位共同计算，直至双方达成共识，共同签字确认；

（5）负责投资控制的专业监理工程师将核实后的工程量报总监理工程师，总监理工程师会同专业监理工程师对取费、税金等项目进行审核，确定阶段性工程造价；

（6）总监理工程师根据合同要求的支付比例、预付款扣回约定和甲供材款项扣回的约定，确定当期支付工程款的金额，开具支付证书，签字盖章后交给建设单位。

四、经济签证中的工程量核实

（1）对属于施工合同约定以外的事件所引起的费用或工期变化，且施工单位在规定时间内提出签证要求的，项目监理机构应客观公正、实事求是地予以签证。

（2）工程经济签证适用于下列范围：

1）施工单位根据建设单位的安排，从事合同范围之外的临时性工作、零星工作或增加的工程项目；

2）因设计变更造成现场其他工程量的变化；

3）工程变更时，施工单位已按原设计完成的部分或全部工作；

4）其他应予以签证的情况。

（3）工程经济签证文件应包括下列主要内容：

1）签证原因；

2）签证事实发生日期、完成日期；

3）签证提交日期；

4）签证位置、尺寸、数量、材料等；

5）执行签证事实的依据，如为书面文件，应附后；

6）签证事实及完成情况简述；

7）附图示说明及照片；

8）项目监理机构和建设单位审核意见；

9）施工单位经办人、项目经理签字并加盖项目经理部公章。

（4）工程经济签证程序

1）工程经济签证事项发生前，施工单位及时向建设单位和项目监理机构提出签证要求并提供相关资料；

2）签证事项发生时，项目监理机构会同建设单位、施工单位相关人员现场对工程量进行测量、确认，形成各方签字认可的原始凭证；

3）施工单位在合同约定的时效内向项目监理机构报送签证文件，包括签证原因、内容、工程量等，应附图示说明和原始凭证，必要时附现场照片；

4）专业监理工程师应重点审查签证事项描述、附图示说明（表）、工程量等内容，审核无误并经总监理工程师签署意见后，报建设单位审批。

（5）各专业监理工程师应按专业分工办理现场工程经济签证，属专业交叉的签证，应由相关专业监理工程师会签。

五、工程量计算规范

工程实施过程中的计量按照现行国家标准《建设工程工程量清单计价规范》GB 50500—2013 的相关规定执行。

工程量计算按照现行国家规范的相关规定执行，如《房屋建筑与装饰工程工程量计算规范》GB 50854—2013、《通用安装工程工程量计算规范》GB 50856—2013、《市政工程工程量计算规范》GB 50857—2013 等。

第三节　进度核查 ▶▶

一、进度核查的程序

（1）工程开工前，施工单位编制施工总进度计划和阶段性施工进度计划报项目监理机构审批，项目监理机构对进度计划进行审查后提出审查意见，并由总监理工程师审核后报建设单位。

施工进度计划审查主要包括下列基本内容：

1）施工进度计划应符合施工合同中工期的约定；

2）施工进度计划中主要工程项目无遗漏，应满足分批投入试运、分批动用的需要，阶段性施工进度计划应满足总进度控制目标的要求；

3）施工顺序的安排应符合施工工艺要求；

4）施工人员、工程材料、施工机械等资源供应计划应满足施工进度计划的需要；

5）施工进度计划应符合建设单位提供的资金、施工图纸、施工场地、物资等施工条件。

（2）批准后的施工进度计划是进度控制的重要依据，施工单位要严格遵守，合理调配资源，科学组织施工，确保按期完成。

（3）在施工过程中，项目监理机构要督促施工单位按批准的进度计划进行实施，要求施工单位定期报送人员配置及施工机械、材料的投入数量，专业监理工程师可以安排监理员到现场进行检查、清点、复核和确认，统计分析资源配置是否满足进度计划的要求。

（4）专业监理工程师定期检查施工进度计划的实施情况，对实际的形象进度进行核查，形成《工程进度核查表》，参建各方共同签认。

（5）专业监理工程师用实际进度和计划进度进行对比和分析，预测实际进度对工程总工期的影响，当实际进度滞后于计划进度时，应签发监理通知单，召开进度专题会议，要求施工单位分析进度滞后的原因，采取有效措施加快施工进度，及时纠偏。

（6）当实际进度严重滞后，并有可能影响到合同工期时，总监理工程师应在监理月报中向建设单位报告，分析工期延误风险。

二、进度核查的工作方法

实际进度与计划进度的比较是建设工程进度控制的主要环节，项目监理机构可采用横道图、S曲线、香蕉曲线、前锋线和列表比较法分析实际施工进度与计划进度，确定进度偏差并预测该进度偏差对工程总工期的影响。

（1）横道图比较法可以形象、直观地反映实际进度与计划进度的不同。

（2）S曲线比较法也是在图上进行，效果比较直观，并可以从整体角度进行比较。

（3）香蕉曲线比较法除了能够从整体角度反映比较效果外，还可以对工程后期的进展情况进行预测。

（4）前锋线比较法既适用于工程实际进度与计划进度之间的局部比较，也可用来分析和预测工程项目整体进度状况。

（5）列表比较法可以计算网络图中的有关时间参数，能够量化反映比较的效果。

第六章 资料管理

第一节　概述 ▶▶

　　监理文件资料是工程监理单位在履行建设工程监理合同过程中形成或获取的以一定形式记录、保存的文件资料，包括文字、图表、数据、声像、电子文档等各种形式的文件记录，可分为基础文件、管理文件、进度控制文件、质量控制文件、安全生产管理文件、造价控制文件、合同管理文件、竣工验收文件等。

　　监理文件资料是实施监理过程的真实反映，是监理工作成效的根本体现，也是工程质量、生产安全事故责任划分的重要依据。项目监理机构要建立和完善监理文件资料管理制度，指定专人负责管理；由于工程建设规模大、跨越时间长，事后形成的资料有可能记录不全面，因此，监理文件资料要与工程进度同步形成，要及时、准确、完整地收集、整理、编制、传递监理文件资料，宜采用信息技术进行管理；要及时分类、汇总文件资料，并按规定组卷、形成监理档案；要根据工程特点和有关规定，保存监理档案，向有关单位、部门移交需要存档的监理文件资料。

第二节　文件资料内容及管理要求 ▶▶

一、文件资料内容

根据现行《建设工程监理规范》GB/T 50319的规定，监理文件资料主要包括：

（1）勘察设计文件、建设工程监理合同及其他合同文件；

（2）监理规划、监理实施细则；

（3）设计交底和图纸会审会议纪要；

（4）施工组织设计、（专项）施工方案、施工进度计划报审文件资料；

（5）分包单位资格报审会议纪要；

（6）施工控制测量成果报验文件资料；

（7）总监理工程师任命书，工程开工令、暂停令、复工令，开工或复工报审文件资料；

（8）工程材料、构配件、设备报验文件资料；

（9）见证取样和平行检验文件资料；

（10）工程质量检验报验资料及工程有关验收资料；

（11）工程变更、费用索赔及工程延期文件资料；

（12）工程计量、工程款支付文件资料；

（13）监理通知单、工程联系单与监理报告；

（14）第一次工地会议、监理例会、专题会议等会议纪要；

（15）监理月报、监理日志、旁站记录；

（16）工程质量或安全生产事故处理文件资料；

（17）工程质量评估报告及竣工验收监理文件资料；

（18）监理工作总结。

除了上述监理文件资料外，在设备采购和设备监造中也会形成监理文件资料。

二、监理文件资料管理要求

（1）监理文件资料的管理体现在建设工程监理文件资料管理全过程，包括监理文件资料的形成、收发与登记、传阅、分类存放、组卷归档、验收与移交等。

（2）监理文件资料管理工作的基本要求是填写齐全、标识无误、交圈对口、归档有序。监理文件资料的形成、积累、组卷和归档应及时、准确、完整、有效。

（3）监理文件资料由总监理工程师负责组织整理，总监理工程师、专业监理工程师、监理员应及时分类整理自己负责的文件资料，并移交资料管理人员进行管理。

（4）项目监理机构宜采用信息技术进行监理文件资料管理。

（5）推广监理文件资料数字化管理，逐步实现以数字化存储代替纸质载体。

三、监理文件资料的形成

（1）监理文件资料应真实反映工程的建设情况和监理工作成效。

（2）监理文件资料应以施工及验收规范、工程合同、设计文件、工程施工质量验收标准、现行《建设工程监理规范》GB/T 50319等为依据填写。

（3）监理文件资料应在工程建设监理过程中同步形成、收集、整理、签发并按规定移交。

（4）表格应采用统一格式。

（5）监理文件资料要求书写认真、字迹清晰、内容完整、结论明确，无未了事项，签字、盖章手续齐全，并加盖相应的资格印章。签字要使用档案规定用笔，不宜用复写材料。

（6）监理文件资料的审核、审批、签认不要代审、代签及越级签认，不能随意修改、伪造或故意撤换。对监理文件资料进行涂改、伪造、随意抽撤或损毁、丢失等的，按有关规定予以处罚，情节严重的，依法追究法律责任。

（7）监理文件资料须为原件，当为复印件时，提供单位要在复印件上加盖单位印章，并注明原件存放处、经办人及经办时间；当为电子签名文档时，要按照国家、地方相应法律、法规执行。

（8）现场配备足够数量且满足工作要求的电脑、打印机等设施，推广监理资料软件的使用。

四、监理文件资料的收发与登记

（1）监理文件资料的传递必须是书面形式，收发与登记工作由资料管理人员负责。

（2）在收到参建方递交的文件资料时，由资料管理人员负责在《文件接收记录表》（表6-1）上登记，注明文件名称、文件摘要信息、文件发放单位（部门）、文件编号以及收文日期，必要时应注明接收文件的具体时间，最后由资料管理人员签字。收文登记后交给项目总监理工程师进行处理，重要文件内容须记录在监理日志中。总监理工程师安排人员进行处置。涉及建设单位的指令、设计单位的工程变更单及其他重要文件等，将其复印件公布在项目监理机构专栏中。

（3）项目监理机构发文时，由资料管理人员在《文件发放记录表》（表6-2）上登记，然后由接收方信息资料员进行签收。

文件接收记录表　　　　　　　　　　　　　　　　　表 6-1

工程名称：

建设单位：　　　　　　　　　　　　　　　　监理单位：

施工单位：

开工日期：　　　年　　月　　日　　工期：　　日历天

序号	文件名称	摘要信息	发放单位	文件编号	收文日期	份数	签收人	备注

文件发放记录表　　　　　　　　　　　　　　　　　表 6-2

工程名称：

建设单位：　　　　　　　　　　　　　　　　监理单位：

施工单位：

开工日期：　　　年　　月　　日　　工期：　　日历天

序号	文件名称	摘要信息	接收单位	文件编号	发文日期	份数	签收人	备注

五、监理文件资料的传阅与登记

（1）监理文件资料由总监理工程师确定是否需要传阅。对于需要传阅的，应确定传阅人员名单和范围，并在文件传阅纸上注明，将文件传阅纸随同文件资料一起进行传阅。也可以按文件传阅纸样式刻制方形图章，盖在文件资料空白处，代替文件传阅纸。

（2）每一位传阅人员阅后应在文件传阅纸上签名，并注明日期。文件资料传阅期限不应超过该文件资料的处理期限。传阅完毕后，文件资料原件须交还信息管理人员存档。

六、组卷、编目

1. 案卷组织

（1）监理文件资料按便于管理、保存、检索的原则划分为监理工程基础文件资料、监理管理文件资料、进度控制文件资料、质量控制文件资料、安全生产管理文件资料、造价控制文件资料、合同管理文件资料、竣工验收文件资料等卷。

（2）监理文件资料根据工程特征按单项工程、单位工程及产生时间先后进行组卷，组卷应美观、整齐，不宜超过40mm厚。

（3）卷内文件的排列：文字材料按事项、专业顺序排列；同一事项的请示与批复、同一文件的印本与定稿、主件与附件不能分开，并按批复在前、请示在后，印本在前、定稿在后，主件在前、附件在后的顺序排列。

2. 案卷编目

（1）文件档号编制

****FJZ----A----B----C------（D）XXXX

****SJZ----A----B----C------（D）XXXX

F：房屋建筑工程；S：市政公用工程；J；监理；Z：资料。

A：卷号；B：册号；C：分册号；XXXX：流水号；D：质量过程控制文件名。

（2）案卷封面印制在卷盒正表面，亦可采用内封面形式。

（3）案卷题名包括工程建设项目的名称、单位工程（含分部、分项）名称及文件名称，市政公用工程项目还应标明构筑物结构、部位、起止里程等名称，案卷题名应能准确反映出案卷的基本内容。

（4）案卷背脊编制卷册号时需标明盒内文件所属卷、册、分册，不同卷种文件可分别编写。

（5）资料归档卷册编号见表6-3。

资料归档卷册编号表　　　　　　　　　　　　　表6-3

卷	册	分册	卷号	册号	分册号	备注
监理工程基础文件资料	行政审批文件		1	1	1	
	工程技术文件			2	1	

卷	册	分册	卷号	册号	分册号	备注
监理工程基础文件资料	工程合同文件		1	3	1	
	施工单位资质资料文件			4	1	
监理管理文件资料	工作指导文件	总监理工程师任命书、总监理工程师代表授权书	2	1	1	
		监理规划			2	
		监理实施细则			3	
	工作记录文件	监理日志		2	1	
		工作联系单			2	
		监理通知、监理通知回复单			3	
		监理会议纪要			4	
		工程暂停令			5	
		工程复工报审表、工程复工令			6	
	工作成果文件	监理月报		3	1	
		监理工作总结			2	
进度控制文件资料	监理审查文件	工程开工报审表	3	1	1	
		工程开工令			2	
		施工进度计划报审表		2	3	
	监理检查文件	监理通知单、监理通知回复单			4	
质量控制文件资料	质量控制管理文件	设计交底会议纪要和图纸会审	4	1	1	
	质量控制审查文件	施工组织设计/（专项）施工方案报审表		2	1	
		施工控制测量成果报验表			2	
		新材料、新工艺、新技术、新设备审查资料			3	
	质量控制过程文件	过程审查资料		3	1	
		过程验收资料			2	
		过程记录资料			3	
		过程辅助资料			4	
	质量缺陷、事故处理文件	质量缺陷验收文件		4	1	
		质量事故处理报告（质量事故书面报告）			2	
安全生产管理文件资料	安全生产管理监理实施细则	安全生产管理监理实施细则	5	1	1	
	安全生产管理监理审查资料	施工单位现场安全生产管理体系及特种作业人员审查资料		2	1	
		施工安全专项方案审查文件			2	
		施工单位安全规章制度文件审查资料			3	

续表

卷	册	分册	卷号	册号	分册号	备注
安全生产管理文件资料	安全生产管理监理过程检查资料	安全巡视资料	5	3	1	
		安全例行检查资料			2	
		监理（安全生产管理）日志			3	
		监理通知单、监理通知回复单			4	
		工程暂停令、工程复工令			5	
		监理报告			6	
		危大工程安全管理资料		4	7	
造价控制文件资料	造价控制监理实施细则		6	1	1	
	工程款支付资料	工程款支付证书		2	1	
	费用索赔资料	费用索赔报审表		3	1	
	工程竣工结算款支付资料	工程竣工结算款支付证书		4	1	
合同管理文件资料	工程临时或最终延期报审资料	工程临时/最终延期报审表	7	1	1	
	工程变更资料	工程变更单		2	1	
竣工验收文件资料	单位工程竣工验收报审表		8	1	1	
	工程质量评估报告			2	1	
	工程竣工验收报告			3	1	

七、监理文件资料的分类存放

监理文件资料经收文、发文、登记和传阅工作程序后，必须进行科学地分类后再存放，这样既可以满足工程项目实施过程中查阅、求证的需要，又便于工程竣工后文件资料的归档和移交。

（1）项目监理机构应备有存放监理文件资料的专用柜和用于分类存放的专用资料夹。

（2）分类原则应根据工程特点及监理相关服务内容确定，工程监理单位的技术管理部门应明确本单位文件档案资料管理的基本原则，以便统一管理并体现监理单位特色。监理文件资料应保持清晰，不得随意涂改记录，保存过程中应保持记录介质的清洁和不破损。

（3）资料的分类应根据工程项目的施工顺序、施工承包体系、单位工程的划分以及工程质量验收程序等，并结合项目监理机构自身的业务工作开展情况进行，原则上可按施工单位、专业施工部位、单位工程等进行分类，以保证建设工程监理文件资料检索和归档工作的顺利进行。

（4）资料的存放要防止受潮霉变或虫害侵蚀。

八、监理文件资料的移交

项目监理机构应根据城建档案管理机构要求，对归档文件的完整、准确、系统情况和案卷质量进行审查，审查合格后将监理文件资料按合同约定的时间、套数编制移交清单，双方签字、盖章后移交给建设单位。

第七章 装配式整体式混凝土建筑监理要点

第一节 概述 ▶▶

我国预制混凝土起源于20世纪50年代，早期受苏联预制混凝土建筑模式的影响，主要用在工业厂房、住宅、办公楼等建筑领域。20世纪50年代后期到80年代中期，绝大部分单层工业厂房都采用预制混凝土建造。80年代中期以前，在多层住宅和办公建筑中也大量采用预制混凝土技术，主要结构形式有装配式大板结构、盒子结构、框架轻板结构和叠合式框架结构。70年代以后，我国政府曾提倡建筑要实现"三化"，即工厂化、装配化、标准化。在这一时期，预制混凝土在我国发展迅速，在建筑领域被普遍采用，为我国建造了几十亿平方米的工业和民用建筑。

从20世纪80年代中期以后，我国预制混凝土建筑因抗震性能、防水性能以及国家建设政策的改革和全国性劳动力密集型大规模基本建设的高潮迭起而步入衰退期。据统计，我国装配式大板建筑的竣工面积从1983年到1991年逐年下降，80年代中期以后我国装配式大板厂相继倒闭，1992年以后就很少采用装配式大板结构了。

进入21世纪后，预制混凝土由于它固有的一些优点在我国又重新受到重视。预制混凝土生产效率高，产品质量好，且可改善工人劳动条件，环境影响小，有利于社会可持续发展。近年来，我国有关预制混凝土的研究和应用也有回暖的趋势，国内相继开展了一些预制混凝土节点和整体结构的研究工作。在工程应用方面，采用新技术的预制混凝土建筑也逐渐增多，如南京金帝御坊工程采用了预应力预制混凝土装配整体框架结构体系，大连43层的希望大厦采用了预制混凝土叠合楼面。相信随着我国预制混凝土研究和应用工作的开展，不远的将来，预制混凝土将会迎来一个快速的发展时期。

一、国内常用装配式建筑的结构体系

（一）装配整体式混凝土剪力墙结构（全装配）体系

装配整体式混凝土剪力墙结构（全装配）的特点是尽可能多地采用预制构件。结构体系中的竖向承重构件剪力墙采用预制方式，水平结构构件采用叠合梁和叠合楼板形式。

同时，内隔墙、楼梯、阳台板及外墙挂板或三明治夹心保温外墙板等都采用预制混凝土构件。

（二）装配整体式混凝土框架结构（全装配）体系

装配整体式混凝土框架结构（全装配）的特点是尽可能多地采用预制构件。结构体系中的竖向承重构件柱采用预制方式，水平结构构件采用叠合梁和叠合楼板形式。同时，内隔墙、楼梯、阳台板及外墙挂板或三明治夹心保温外墙板等都采用预制混凝土构件。

（三）现浇混凝土框架外挂预制混凝土墙板体系（内浇外挂式框架结构体系）

内浇外挂式框架结构体系中竖向承重构件框架柱采用现浇方式，水平结构构件采用叠合梁和叠合楼板形式。同时，内隔墙、楼梯、阳台板及外墙挂板或三明治夹心保温外墙板等都可采用预制混凝土构件。

（四）现浇混凝土剪力墙外挂预制混凝土墙板体系（内浇外挂式剪力墙结构体系）

内浇外挂式剪力墙结构体系中竖向承重构件剪力墙采用现浇方式，水平结构构件采用叠合梁和叠合楼板形式。同时，内隔墙、楼梯、阳台板及外墙挂板或三明治夹心保温外墙板等都可采用预制混凝土构件。预制混凝土外墙挂板设计为非结构构件，施工中利用其为围护墙体，以作为竖向现浇构件的外模板。

（五）内部钢结构框架、外挂钢筋混凝土墙板体系（内部钢结构外挂式框架体系）

内部钢结构框架、外挂钢筋混凝土墙板体系是指采用热轧型钢、焊接型钢或格构式型钢作为受力构件，通过螺栓连接或焊接等方式进行连接形成结构骨架，楼（屋）盖采用钢筋混凝土叠合楼（屋）面板或压型钢板等作为底板，并现场浇筑混凝土形成的整体结构，简称钢结构。

二、装配式建筑监理工作基本要求

（1）项目监理机构的建立要与装配式建筑工程监理相适应。部分项目需要驻厂监理的，项目监理机构应设置驻厂监理组，配备驻厂专业监理工程师，并根据工作需要配备驻厂监理员，明确监理工作职责。项目监理机构的监理人员数量及专业配备应满足建设工程监理合同及装配式建筑工程监理工作要求，并根据不同阶段监理工作需要，实行动态调整。

（2）项目监理机构应根据装配式建筑工程特点，在监理实施细则中明确关键部位、关键工序监理工作要求。项目监理机构应熟悉装配式建筑工程设计文件及深化设计文件，参加建设单位组织的设计交底和图纸会审，提出相关意见和建议，并签认会议纪要。项目监理机构应审查施工单位报送的危大工程清单和专项施工方案，编制相应的监理实施细则。

（3）项目监理机构应根据建设工程监理合同约定，对部品、部件、组件的生产进行驻厂监理。需要驻厂监理的,监理规划要明确驻厂监理方式和内容。项目监理机构要审查生产厂商提交的生产方案,并要求生产厂商向施工单位进行技术交底且留存交底记录。

(4)装配式建筑工程监理工作宜采用信息化手段,项目监理机构要按建设工程监理合同约定,进行监理文件资料管理工作;安全生产管理的文件资料要单独归档成册,并按有关规定建立危大工程安全管理档案。

第二节　装配式建筑材料与构件 ▶▶

混凝土装配式建筑现场作业的关键技术是套筒灌浆连接,目前套筒灌浆操作人员尚未列入特种作业人员,各施工企业仅对操作人员做内部培训与交底,以保证施工质量。监理人员要对培训记录进行检查。对于装配式钢结构,监理人员必须检查现场焊接特种作业人员证书,保证焊接作业人员持证上岗。

一、装配式建筑主用材料

(一)钢筋连接用灌浆套筒

通过水泥基灌浆料的传力作用将钢筋对接连接所用的金属套筒,通常采用铸造工艺或者机械加工工艺制造,包括全灌浆套筒和半灌浆套筒两种形式。前者两端均采用灌浆方式与钢筋连接,后者一端采用灌浆方式与钢筋连接,而另一端采用非灌浆方式与钢筋连接(通常采用螺纹连接),见图7-1。

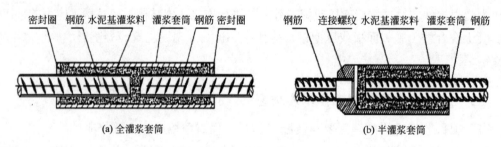

(a) 全灌浆套筒　　　　　　(b) 半灌浆套筒

图7-1　灌浆套筒

(二)钢筋连接用灌浆套筒灌浆料

钢筋连接用灌浆套筒灌浆料是以水泥为基本材料,配以适当的细骨料,以及混凝土外加剂和其他材料组成的干混料,加水搅拌后具有良好的流动性、早强、高强、微膨胀等性能,也是填充于套筒和带肋钢筋间隙内的干粉料。

(三)保温材料

夹心外墙板宜采用EPS板或XPS板作为保温材料,保温材料除应符合设计要求外,尚应符合现行国家和地方标准要求。

（1）EPS板主要性能指标应符合相关规范的规定，其他性能指标应符合现行国家标准《绝热用模塑聚苯乙烯泡沫塑料（EPS）》GB/T 10801.1—2021和《绝热用挤塑聚苯乙烯泡沫塑料（XPS）》GB/T 10801.2—2018的规定。

（2）XPS板主要性能指标应符合相关规范的规定，其他性能指标应符合现行行业标准《聚氨酯硬泡复合保温板》JG/T 314—2012的规定。

（四）外墙保温拉结件

外墙保温拉结件是用于连接预制保温墙体内外层混凝土墙板，传递墙板剪力，以使内外层墙板形成整体的连接器（图7-2、图7-3）。拉结件宜选用纤维增强复合材料或不锈钢薄钢板加工制成。夹心外墙板中，内外叶墙板的拉结件应符合下列规定：

（1）金属及非金属材料拉结件均须具有规定的承载力、变形和耐久性能，并要经过试验验证；

（2）拉结件须满足防腐和耐久性要求；

（3）拉结件须满足夹心外墙板的节能设计要求；

图7-2 外墙保温拉结件连接

图7-3 外墙保温拉结件

（4）外墙保温连接件的拉伸强度（MPa）、弯曲强度（MPa）、剪切强度（MPa）须满足相关规范标准方可使用。

（五）外装饰材料

涂料和面砖等外装饰材料质量要满足现行相关标准和设计要求。当采用面砖饰面时，宜选用背面带燕尾槽的面砖，燕尾槽尺寸应符合工程设计和相关标准要求。其他外装饰材料要符合相关标准规定。

二、装配式建筑主要结构构件

装配整体式结构的基本构件主要包括柱、梁、剪力墙、楼（屋）面板、楼梯、阳台、空调板、女儿墙等，这些主要受力构件通常在工厂预制加工完成，待强度符合规定要求后进行现场装配施工。

项目监理机构要审查部品、部件、组件的出厂质量证明文件，以及相应的结构性能检验、实体检验或使用功能抽检等报告，并检查外观质量。监理员要参加建设单位组织的部品、部件、组件的首次安装及代表性施工段首次安装的联合验收。

（一）预制混凝土柱

从制造工艺上看，预制混凝土柱包括预制实心柱（图7-4）和预制柱壳两种形式。预制混凝土柱的外观多种多样，包括矩形、圆形和工字形等。在满足运输和安装要求的前提下，预制混凝土柱的长度可达到12m或更长。

图7-4　预制混凝土柱实心柱

（二）预制混凝土梁

预制混凝土梁根据制造工艺不同可分为预制实心梁（图7-5）、预制叠合梁（图7-6）、预制梁壳三类。预制实心梁制作简单，构件自重较大，多用于厂房和多层建筑中。预制叠合梁主要是便于预制柱和叠合楼板连接，整体性较强，运用十分广泛。预制梁壳通常用于梁截面较大或起吊重量受到限制的情况，其优点是便于现场钢筋的绑扎，缺点是预制工艺较复杂。

图7-5　预制L形实心梁

图7-6　预制叠合梁

按是否采用预应力来划分，预制混凝土梁可分为预制预应力混凝土梁和预制非预应力混凝土梁。预制预应力混凝土梁集合了预应力技术节省钢筋、易于安装的优点，生产效率高、施工速度快，在大跨度全预制多层框架结构厂房中应用具有良好的经济性。

（三）预制混凝土剪力墙

预制混凝土剪力墙从受力性能角度可分为预制实心剪力墙和预制叠合剪力墙。

1. 预制实心剪力墙

预制实心剪力墙是指将混凝土剪力墙在工厂预制成实心构件，并在现场通过预留钢筋与主体结构相连接（图7-7）。随着灌浆套筒在预制剪力墙中的使用，预制实心剪力墙的使用越来越广泛。

图 7-7　预制实心剪力墙

预制混凝土夹心保温剪力墙是一种结构与保温一体化的预制实心剪力墙，由外叶、内叶和中间层三部分组成（图7-8）。内叶是预制混凝土实心剪力墙，中间层为保温隔热层，外叶为保温隔热层的保护层。保温隔热层与内外叶之间采用拉结件连接。拉结件可以采用玻璃纤维钢筋或不锈钢拉结件。预制混凝土夹心保温剪力墙通常作为建筑物的承重外墙。

图 7-8　预制混凝土夹心保温剪力墙

2. 预制叠合剪力墙

预制叠合剪力墙是指一侧或两侧均为预制混凝土墙板，在另一侧或中间部位现浇混凝土，从而形成共同受力的剪力墙结构（图7-9）。它具有制作简单、施工方便等众多优势。

图7-9　预制叠合剪力墙

（四）预制混凝土楼面板

预制混凝土楼面板按照制造工艺不同可分为预制混凝土叠合板、预制混凝土实心板、预制混凝土空心板、预制混凝土双T板等。

预制混凝土叠合板最常见的主要有两种，一种是桁架钢筋混凝土叠合板，另一种是预制带肋底板混凝土叠合楼板（图7-10、图7-11）。桁架钢筋混凝土叠合板属于半预制构件，下部为预制混凝土板，外露部分为桁架钢筋。预制混凝土叠合板的预制部分最小厚度为6cm，叠合楼板在工地安装到位后要进行二次浇筑，从而成为整体实心楼板。桁架钢筋的主要作用是将后浇筑的混凝土层与预制底板形成整体，并在制作和安装过程中提供刚度。伸出预制混凝土层的桁架钢筋和粗糙的混凝土表面保证了叠合楼板预制部分与现浇部分能有效结合成整体。

图7-10　桁架钢筋混凝土叠合板

图7-11　桁架钢筋混凝土叠合板安装

（五）预制混凝土楼梯

预制混凝土楼梯外观更加美观，可避免在现场支模，节约工期（图7-12）。预制简支楼梯受力明确，安装后可做施工通道，解决垂直运输问题，保证了逃生通道的安全。

图 7-12　预制混凝土楼梯

（六）预制混凝土阳台、空调板、女儿墙

1. 预制混凝土阳台

预制混凝土阳台通常包括预制实心阳台和预制叠合阳台（图7-13、图7-14）。预制混凝土阳台板能够克服现浇阳台的缺点，解决阳台支模复杂，现场高空作业费时费力的问题。

图 7-13　预制实心阳台

图 7-14　预制叠合阳台

2. 预制混凝土空调板

预制混凝土空调板通常采用预制实心混凝土板，板侧预留钢筋与主体结构相连，预制混凝土空调板通常与外墙板相连（图7-15）。

3. 预制混凝土女儿墙

女儿墙处于屋顶处外墙的延伸部位，通常有立面造型，采用预制混凝土女儿墙的优势是能快速安装，节省工期并提高耐久性（图7-16）。女儿墙可以是单独的预制构件，也可以是顶层的墙板向上延伸，顶层外墙与女儿墙预制为一个构件（图7-17）。

图 7-15　预制混凝土空调板

图 7-16　预制混凝土女儿墙

图 7-17　顶层女儿墙与外墙的一体化预制构件

三、装配式建筑主要围护构件

　　围护构件是指围合、构成建筑空间，能够抵御环境不利影响的构件，本章只展开讲解PC外围护墙板和预制内隔墙相关内容，其余部分不再赘述。外围护墙用以抵御风雨、温度变化、太阳辐射等，应具有保温、隔热、隔声、防水、防潮、耐火、耐久等性能。内隔墙起分隔室内空间作用，应具有隔声、隔视线以及满足某些特殊要求的性能。

（一）PC外围护墙板

PC外围护墙板是指预制商品混凝土外墙构件，预制混凝土叠合（夹心）墙板、预制混凝土夹心保温外墙板和预制混凝土外墙挂板。外墙板除应具有隔声与防火的功能外，还应具有隔热、保温、抗渗、抗冻融、防碳化等作用和满足建筑艺术装饰的要求，外墙板可用轻集料单一材料制成，也可采用复合材料（结构层、保温隔热层和饰面层）制成。

PC外围护墙板采用工厂化生产，现场进行安装的施工方法，具有施工周期短、质量可靠（对防止裂缝、渗漏等质量通病十分有效）、节能环保（耗材少，减少扬尘和噪声等）、工业化程度高及劳动力投入量少等优点，在国内外的住宅建筑上得到了广泛运用。

因PC外围护墙板生产中使用了高精密度的钢模板，模板的一次性摊销成本较高，如果施工建筑物外形变化不大，且外墙板生产数量大，模具通过多次循环使用后成本可以下降。

根据制作结构不同PC外围护墙板分为预制混凝土夹心保温外墙板和预制混凝土外墙挂板。

1. 预制混凝土夹心保温外墙板

预制混凝土夹心保温外墙板是集承重、围护、保温、防水、防火等功能为一体的重要装配式预制构件，由内叶墙板、保温材料、外叶墙板三部分组成（图7-18）。

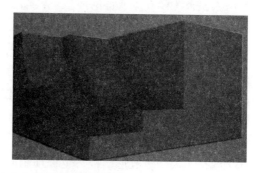

图7-18 预制混凝土夹心保温外墙板构造图

夹心外墙板宜采用平模工艺生产，生产时应先浇筑外叶墙板混凝土层，再安装保温材料和拉结件，最后浇筑内叶墙板混凝土，可以使保温材料与结构同寿命。当采用立模工艺生产时，应同步浇筑内外叶墙板混凝土层，并应采取保证保温材料及拉结件位置准确的措施。

2. 预制混凝土外墙挂板

预制混凝土外墙挂板是在预制车间加工的运输到施工现场吊装的钢筋混凝土外墙板，在板底设置预埋铁件，通过与楼板上的预埋螺栓连接达到底部固定，再通过连接件达到顶部与楼板的固定（图7-19）。其在工厂采用工业化生产，具有施工速度快、质量好、维修费用低的特点。

图 7-19　预制混凝土外墙挂板结构

其根据工程需要可设计成集外装饰、保温、墙体围护于一体的复合保温外墙挂板，也可以作为复合墙体的外装饰挂板。

外墙挂板必须具有防腐蚀、耐高温、抗老化、无辐射、防火、防虫、不变形等基本性能，同时还要求造型美观、施工简便、环保节能等。而混凝土外挂板除满足以上要求外还可充分体现大型公共建筑外墙独特的表现力。

（二）预制内隔墙

预制内隔墙板按成形方式分为挤压成形墙板和立（或平）模浇筑成形墙板两种。

1. 挤压成形墙板

挤压成形墙板，也称预制条形内墙板，是在预制工厂使用挤压成形机将轻质材料搅拌均匀并注入模板（模腔）成形的墙板。其按断面不同分为空心板、实心板两类，在保证墙板承载和抗剪前提下可以将墙体断面做成空心，这样可以有效降低墙体的重量并通过墙体空心处空气的特性提高隔断房间内保温、隔声效果；门边板端部为实心板，实心板宽度不得小于100mm。

没有门洞口的墙体，应从墙体一端开始沿墙长方向按顺序排板；对于有门洞口的墙体，应从门洞口开始分别向两边排板。当墙体端部的墙板不足一块板宽时，应设计补板。

2. 立（或平）模浇筑成形墙板

立（或平）模浇筑成形墙板，也称预制混凝土整体内墙板，是在预制车间按照所需样式使用钢模具拼接成形，浇筑或摊铺混凝土制成的墙体，根据受力不同，内墙板使用单种材料或者多种材料加工而成。用聚苯乙烯泡沫板材、聚氨酯泡沫塑料、无机墙体保温隔热材料等轻质材料填充到墙体之中，可以减少混凝土用量，绿色环保，减少室内热量与外界的交换，增强墙体的隔声效果，并通过墙体自重的减轻降低运输和吊装的成本。

第三节　预制构件的连接 ▶▶

一、监理要点

装配整体式结构中，构件与接缝处的纵向钢筋应根据接头受力、施工工艺等情况的不同，选用钢筋套筒灌浆连接、焊接连接、浆锚搭接连接、机械连接、铆钉连接、绑扎连接、混凝土连接等连接方式。项目监理机构应审查灌浆操作人员的资格，并对灌浆过程进行旁站。

监理员旁站工作应包含下列内容：

（1）检查环境温度及灌浆设备性能参数；

（2）检查套筒内连接钢筋长度及位置、接缝分仓、灌浆腔连通、灌浆压力、接缝封堵方式；

（3）见证灌浆料试块制作过程。

项目监理机构在进行装配式混凝土结构套筒灌浆旁站时，应按照《钢筋套筒灌浆连接应用技术规程》JGJ 355—2015的相关规定执行，重点检查内容包括：

（1）灌浆料应按配比要求计量灌浆材料和水的用量，经搅拌均匀后测定其流动度，满足设计要求后方可灌注，每工作班应检查灌浆料拌合物初始流动度不少于1次。拌合后的灌浆料宜在30min内使用完毕；

（2）灌浆施工时，环境温度应符合灌浆料产品使用说明书要求；环境温度低于5℃时不宜施工，低于0℃时不得施工。当环境温度高于30℃时，应采取降低灌浆料拌合物温度的措施；

（3）散落的灌浆料拌合物不得二次使用，剩余的拌合物不得再次添加灌浆料、水后混合使用。

二、关键节点连接施工技术

（一）钢筋套筒灌浆连接

1. 钢筋套筒灌浆连接的概念

钢筋套筒灌浆连接是一种因工程实践的需要和技术发展而产生的新型的连接方式。该连接方式弥补了传统连接方式（焊接、机械连接、螺栓连接等）的不足，在建筑领域得到了迅速的发展和应用。钢筋套筒灌浆连接是各种装配式整体混凝土结构的重要接头形式。

2. 钢筋套筒灌浆连接的分类

按照钢筋与套筒的连接方式不同，该接头分为全灌浆接头、半灌浆接头两种。

全灌浆接头是传统的灌浆连接接头形式，套筒两端的钢筋均采用灌浆连接，两端钢筋均是带肋钢筋。半灌浆接头是一端钢筋用灌浆连接，另一端采用非灌浆方法（例如螺纹连接）连接的接头。

3. 钢筋套筒灌浆连接在装配整体式结构中的应用

钢筋套筒灌浆连接主要适用于装配整体式混凝土结构的预制剪力墙、预制柱等预制构件的纵向钢筋连接（图7-20~图7-22），也可用于叠合梁等后浇部位的纵向钢筋连接。

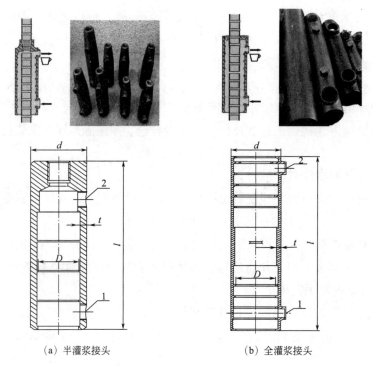

（a）半灌浆接头　　　　　（b）全灌浆接头

图 7-20　灌浆套筒剖面图

1—灌浆孔；2—排浆孔；l—套筒总长；

d—套筒外径；D—套筒锚固段环形突起部分的内径

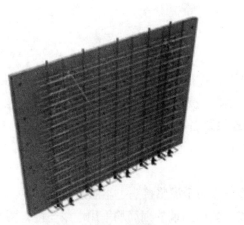

图 7-21　剪力墙内钢筋套筒布设透视图

图 7-22　柱内钢筋套筒布设透视图

4. 钢筋套筒灌浆连接中对接头性能、套筒、灌浆料的要求

套筒灌浆连接接头在同截面布置时，接头性能应达到钢筋机械连接接头的最高性能等级，国内建筑工程的接头应满足现行行业标准《钢筋机械连接技术规程》JGJ 107—2016中的Ⅰ级性能指标。套筒的各项指标应符合《钢筋连接用灌浆套筒》JG/T 398—2019的

标准要求。灌浆料的各项指标应符合《钢筋连接用套筒灌浆料》JG/T 408—2019的标准要求。

5. 浆锚搭接技术要点

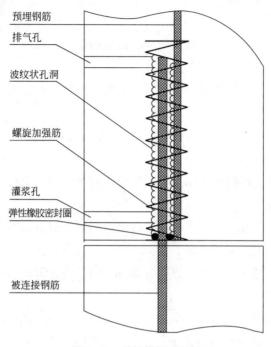

图 7-23　浆锚搭接示意图

浆锚搭接连接是基于粘结锚固原理进行连接的方法（图7-23），其在竖向结构部品下段范围内，预留出竖向孔洞，孔洞内壁表面留有螺纹状粗糙面，周围配有横向约束螺旋箍筋。装配式构件将下部钢筋插入孔洞内，通过灌浆孔注入灌浆料，直至排气孔溢出停止灌浆；当灌浆料凝结后将此部分连接成一体。

浆锚搭接连接时，要对预留孔成孔工艺、孔道形状和长度、构造要求、灌浆料和被连接钢筋，进行力学性能以及适用性的试验验证。其中，直径大于20mm的钢筋不宜采用浆锚搭接连接，直接承受动力荷载构件的纵向钢筋不应采用浆锚搭接连接。

浆锚搭接成本低、操作简单，但因结构受力的局限性，浆锚搭接只适用于房屋高度不大于12m或者层数不超过3层的装配整体式框架结构的预制柱纵向钢筋连接。

（二）钢筋套筒灌浆工序监理巡视要点

灌浆套筒进场时，应抽取套筒采用与之匹配的灌浆料制作对中连接接头，并做抗拉强度检验，检验结果应符合《钢筋机械连接技术规程》JGJ 107—2016中Ⅰ级接头对抗拉强度的要求。

1. 灌浆套筒钢筋连接注浆工序

清理接触面→铺设高强度垫块（或垫铁）→安放墙体→调整并固定墙体→墙体

两侧密封→润湿注浆孔→拌制注浆料→进行注浆→进行个别补注→进行封堵→完成注浆。

2. 工序操作注意事项

（1）清理墙体接触面：墙体下落前应保持预制墙体与混凝土接触面无灰渣、无油污、无杂物。

（2）铺设高强度垫块：采用高强度垫块将预装墙体的标高找好，使预制墙体标高得到有效的控制。

（3）安放墙体：在安放墙体时应保证每个注浆孔通畅，预留孔洞满足设计要求，孔内无杂物。

（4）调整并固定墙体：墙体安放到位后采用专用支撑杆件进行调节，保证墙体垂直度、平整度在允许误差范围内。

（5）墙体两侧密封：根据现场情况，采用砂浆对两侧缝隙进行密封，确保注浆料不从缝隙中溢出，减少浪费。

（6）润湿注浆孔：注浆前应用水对注浆孔进行润湿，减少因混凝土吸水导致注浆强度达不到要求，且与灌浆孔连接不牢靠。

（7）拌制注浆料：搅拌完成后应静置3~5min，待气泡排除后方可进行施工。注浆料流动度在200~300mm间为合格。

（8）进行注浆：采用专用的注浆机进行注浆，该注浆机使用一定的压力，由墙体下部注浆孔进行注入，注浆料先流向墙体下部20mm找平层，当找平层注浆注满后，待上部排气孔有浆料溢出，则视为该孔注浆完成，并用泡沫塞子进行封堵。至该墙体所有上部注浆孔均溢出浆料后视为该面墙体注浆完成。

进行个别补注：完成注浆墙体半个小时后检查上部注浆孔是否有因注浆料的收缩、堵塞不及时、漏浆造成的个别孔洞不密实情况，并用手动注浆器进行对该孔的补注。

（9）进行封堵：注浆完成后，通知监理进行检查，合格后进行注浆孔的封堵，封堵要求与原墙面保持平整，并及时清理墙面上、地面上的余浆（图7-24）。

图7-24　注浆及封堵图

3. 质量保证措施

（1）灌浆料的品种和质量必须符合设计要求和有关标准的规定。每次应有专人进行搅拌；

（2）每次搅拌应记录水用量，严禁超过设计用量；

（3）注浆前应充分湿润注浆孔洞，防止因孔内混凝土吸水导致注浆料开裂情况的发生；

（4）防止因注浆时间过长导致孔洞堵塞，若在注浆时造成孔洞堵塞应从其他孔洞进行补注，直至该孔洞注浆饱满；

（5）灌浆完毕，立即用清水清洗注浆机、搅拌设备等；

（6）灌浆完成后24h内禁止对墙体进行扰动；

（7）带注浆完成一天后应逐个对注浆孔进行检查，发现有个别未注满的情况应进行补注。

（三）混凝土的连接监理巡视要点

混凝土连接主要是预制部件与后浇混凝土的连接。为加强预制部件与后浇混凝土间的连接，预制部件与后浇混凝土的结合面要设置相应的粗糙面和抗剪键槽。

1. 粗糙面处理

粗糙面处理即通过外力使预制部件与后浇混凝土结合处变得粗糙、露出碎石等骨料，通常有三种方法：人工凿毛法、机械凿毛法、缓凝水冲法。

人工凿毛法：是指工人使用铁锤和凿子剔除预制部件结合面的表皮，露出碎石骨料，增加结合面的粘结粗糙度。此方法的优点是简单、易于操作，缺点是费工费时，效率低。

机械凿毛法：使用专门的小型凿岩机配置梅花平头钻，剔除结合面混凝土的表皮，增加结合面的粘结粗糙度。此方法优点是方便快捷，机械小巧易于操作，缺点是操作人员的作业环境差，粉尘污染严重。

缓凝水冲法：是混凝土结合面粗糙度处理的一种新工艺，是指在部品构件混凝土浇筑前，将含有缓凝剂的浆液涂刷在模板壁上（图7-25）。浇筑混凝土后，利用已浸润缓凝剂的表面混凝土与内部混凝土的缓凝时间差，用高压水冲洗未凝固的表层混凝土，冲掉表面浮浆，显露出骨料，形成粗糙的表面。此法优点是成本低、效果佳、功效高且易于操作。

图7-25　缓凝水冲法效果图

2. 抗剪键槽设置

装配整体式结构的预制梁、预制柱及预制剪力墙断面处须设置抗剪键槽。键槽设置尺寸及位置应符合装配整体式结构的设计及规范要求。键槽面也应进行粗糙面处理。

3. 其他连接、后锚固连接

如遇装配整体式框架、装配整体式剪力墙等结构中的顶层、端缘部的现浇节点中的钢筋无法连接，或者连接难度大，不方便施工的情况，可将受力钢筋用直线锚固、弯折锚固、机械锚固（例如锚固板）等连接方式，锚固在后浇节点内以达到连接的要求。此章可增加装配整体式结构的刚度和整体性能。

第四节　装配式建筑施工流程及巡视要点　▶▶

一、预制柱施工流程及巡视要点

（一）预制框架柱吊装施工流程

预制框架柱进场、验收→按图放线→安装吊具→预制框架柱扶直→预制框架柱吊装（图7-26）→预留钢筋就位→水平调整、竖向校正→斜支撑固定→摘钩。

图7-26　预制框架柱吊装示意图

（二）巡视要点

（1）根据预制柱平面各轴的控制线和柱框线校核预埋套管位置的偏移情况，并做好记录，若预制柱有小距离的偏移需使用协助就位设备进行调整。

（2）检查预制柱进场的尺寸、规格，混凝土的强度是否符合设计和规范要求，检查柱上预留套管及预留钢筋是否满足图纸要求，套管内是否有杂物；同时做好记录，并与现场预留套管的检查记录进行核对，无问题方可进行吊装。

（3）吊装前在柱四角放置金属垫块，以利于预制柱的垂直度校正，按照设计标高，结合柱子长度对偏差进行确认。用经纬仪控制垂直度，若有少许偏差运用千斤顶等进行调整。

（4）柱初步就位时应将预制柱钢筋与下层预制柱的预留钢筋初步试对，无问题后准备进行固定。

（5）预制柱接头连接

预制柱接头连接采用套筒灌浆连接技术：

1）柱脚四周采用坐浆材料封边，形成密闭灌浆腔，保证在最大灌浆压力（约1MPa）下密封有效；

2）如所有连接接头的灌浆口均未被封堵，当灌浆口漏出浆液时，应立即用胶塞进行封堵牢固。如排浆孔事先封堵了胶塞，应摘除其上排浆孔的封堵胶塞，直至所有灌浆孔都流出浆液并已封堵后，等待排浆孔出浆；

3）一个灌浆单元只能从一个灌浆口注入，不得同时从多个灌浆口注浆。

二、预制梁施工流程及巡视要点

（一）预制梁吊装施工流程

预制梁进场、验收→按图放线（梁搁柱头边线）→设置梁底支撑→拉设安全绳→预制梁起吊→预制梁就位安放→微调控位→摘钩。

预制梁安装见图7-27。

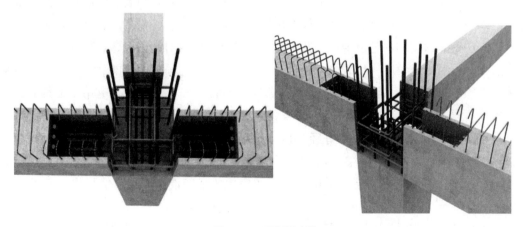

图7-27　预制梁安装

（二）巡视要点

（1）测出柱顶与梁底标高误差，在柱上弹出梁边控制线。

（2）在构件上标明每个构件所属的吊装顺序和编号，便于吊装工人辨认。

（3）梁底支撑采用立杆支撑+可调顶托+100mm×100mm木方，预制梁的标高通过支撑体系的顶丝来调节。

（4）梁起吊时，用吊索钩住扁担梁的吊环，吊索应有足够的长度以保证吊索和扁担梁之间的角度≥60°。

（5）当梁初步就位后，在两侧借助柱头上的梁定位线将梁精确校正，调平的同时将下部可调支撑上紧，这时方可松去吊钩。

（6）主梁吊装结束后，根据柱上已放出的梁边和梁端控制线，检查主梁上的次梁缺口位置是否正确，如不正确，需做相应处理后方可吊装次梁，梁在吊装过程中要按柱对称吊装。

（7）预制梁板柱接头连接

1）键槽混凝土浇筑前应将键槽内的杂物清理干净，并提前24h浇水湿润；

2）键槽钢筋绑扎时，为确保钢筋位置的准确，键槽应预留U形开口箍，待梁柱钢筋绑扎完成，在键槽上安装∩形开口箍与原预留U形开口箍双面焊接5d（d为钢筋直径）。

三、预制剪力墙施工流程及巡视要点

（一）预制剪力墙吊装流程

预制剪力墙进场、验收→按图放线→安装吊具→预制剪力墙扶直→预制剪力墙吊装→预留钢筋插入就位→水平调整、竖向校正→斜支撑固定→摘钩。

（二）巡视要点

（1）承重墙板吊装准备：由于吊装作业需要连续进行，所以吊装前的准备工作非常重要，首先在吊装就位之前将所有柱、墙的位置在地面弹好墨线，根据后置埋件布置图，采用后钻孔法安装预制构件定位卡具，并进行复核检查；同时对起重设备进行安全检查，并在空载状态下对吊臂角度、负载能力、吊绳等进行检查，对吊装困难的部件进行空载实践演练（必须进行），将倒链、斜撑杆、膨胀螺丝、扳手、2m靠尺、开孔电钻等工具准备齐全，操作人员对操作工具进行清点。检查预制构件预留灌浆套筒是否有缺陷、杂物和油污，保证灌浆套筒完好；提前架好经纬仪、激光水准仪并调平。填写施工准备情况登记表，施工现场负责人检查核对签字后方可开始吊装。

（2）起吊预制墙板：吊装时采用带倒链的扁担式吊装设备，加设缆风绳，其吊装如图7-28所示。

（3）顺着吊装前所弹墨线缓缓下放墙板，吊装经过的区域下方设置警戒区，施工人员应撤离，由信号工指挥，就位时待构件下降至作业面1m左右高度时施工人员方可靠近操作，以保证操作人员的安全。墙板下放好垫块，垫块可保证墙板底标高的正确（注：也可提前在预制墙板上安装定位角码，顺着定位角码的位置安放墙板）。

图 7-28　预制墙板吊装示意图

（4）若墙板底部局部套筒未对准时可使用倒链对墙板手动微调，重新对孔。底部没有灌浆套筒的外填充墙板直接顺着角码缓缓放下。垫板造成的空隙可用坐浆方式填补。为防止坐浆料填充到外叶板之间，在苯板处补充 50mm×20mm 的保温板（或橡胶止水条）堵塞缝隙。

（5）垂直坐落在准确的位置后使用激光水准仪复核水平是否偏差，无误差后，利用预制墙板上的预埋螺栓和地面后置膨胀螺栓（将膨胀螺栓在环氧树脂内蘸一下，立即打入地面）安装斜支撑杆，用检测尺检测预制墙体垂直度并复测墙顶标高后，利用斜撑杆调节好墙体的垂直度，方可松开吊钩（图 7-29）（注：在调节斜撑杆时必须两名工人同时间、同方向进行操作）。

图 7-29　支撑调节

（6）调节斜撑杆完毕后，再次校核墙体的水平位置和标高、垂直度，相邻墙体的平整度。检查工具：经纬仪、水准仪、靠尺、水平尺（或软管）、铅锤、拉线。

（7）预制剪力墙钢筋竖向接头采用套筒灌浆连接：

1）灌浆前应制定灌浆操作的专项质量保证措施；

2）应按产品使用要求计量灌浆料和水的用量并搅拌均匀，灌浆料拌合物的流动度应满足现行国家相关标准和设计要求；

3）将预制墙板底的灌浆连接腔用高强水泥基坐浆材料进行密封（防止灌浆前异物进入腔内）；墙板底部采用坐浆材料封边，形成密封灌浆腔，保证在最大灌浆压力（1MPa）下密封有效；

4）灌浆料拌合物应在制备后0.5h内用完；灌浆作业应采取压浆法从下口灌注，浆料从上口流出时应及时封闭；宜采用专用堵头封闭，封闭后灌浆料不应有任何外漏；

5）灌浆施工时宜控制环境温度，必要时，应对连接处采取保温加热措施；

6）灌浆作业完成后12h内，构件和灌浆连接接头不应受到振动或冲击。

四、预制楼（屋）面板施工流程及巡视要点

（一）预制楼（屋）面板吊装工艺流程

预制板进场、验收→放线（板搁梁边线）→搭设板底支撑→预制板吊装→预制板就位→预制板微调定位→摘钩。

（二）巡视要点（以预制带肋底板为例，钢筋桁架板参照执行）

（1）进场验收

1）进场验收主要检查资料及外观质量，防止在运输过程中发生损坏现象，验收应满足现行的施工及验收规范。

2）预制板进入工地现场，堆放场地应夯实平整，并应防止地面不均匀下沉。预制带肋底板应按照不同型号、规格分类堆放。预制带肋底板应采用板肋朝上叠放的堆放方式，严禁倒置。各层预制带肋底板下部应设置垫木，垫木应上下对齐，不得脱空。堆放层数不应大于7层，并有稳固措施。

（2）在每条吊装完成的梁或墙上测量并弹出相应预制板四周控制线，并在构件上标明每个构件所属的吊装顺序和编号，便于吊装工人辨认。

（3）在叠合板两端部位设置临时可调节支撑杆，预制楼板的支撑设置应符合以下要求：

1）支撑架体应具有足够的承载能力、刚度和稳定性，应能可靠地承受混凝土构件的自重和施工过程中所产生的荷载及风荷载；

2）确保支撑系统的间距及距离墙、柱、梁边的净距符合系统验算要求，上下层支撑应在同一直线上。板下支撑间距不大于3.3m；

3）当支撑间距大于3.3m且板面施工荷载较大时，跨中需在预制板中间加设支撑（图7-30）。

（4）在可调节顶撑上架设木方，调节木方顶面至板底设计标高，开始吊装预制楼板（图7-31）。

预制带肋底板的吊点位置应合理设置，起吊就位应垂直平稳，两点起吊或多点起吊时吊索与板水平面所成夹角不宜小于60°，不应小于45°。

图 7-30　叠合板跨中加设支撑示意图

图 7-31　叠合板吊装示意图

（5）吊装应按顺序连续进行，板吊至柱上方3～6cm后，调整板位置使锚固筋与梁箍筋错开便于就位，板边线基本与控制线吻合（图7-32）。将预制楼板坐落在木方顶面，及时检查板底与预制叠合梁的接缝是否到位，预制楼板钢筋入墙长度是否符合要求，直至吊装完成。

图 7-32　叠合板吊装顺序示意图

安装预制带肋底板时，其搁置长度应满足设计要求。预制带肋底板与梁或墙间宜设置不大于20mm坐浆或垫片。实心平板侧边的拼缝构造形式可采用直平边、双齿边、斜平边、部分斜平边等。实心平板端部伸出的纵向受力钢筋即胡子筋，当胡子筋影响预制带肋底板铺板施工时，可在一端不预留胡子筋，并在不预留胡子筋一端的实心平板上方设置端部连接钢筋代替胡子筋，端部连接钢筋应沿板端交错布置，端部连接钢筋支座锚固长度不应小于10d、深入板内长度不应小于150mm。

（6）当一跨板吊装结束后，要根据板四周边线及板柱上弹出的标高控制线对板标高及位置进行精确调整，误差控制在2mm以内。

五、预制楼梯施工流程及巡视要点

（一）预制楼梯安装工艺流程

预制楼梯进场、验收→放线→预制楼梯吊装→预制楼梯安装就位→预制楼梯微调定位→吊具拆除。

（二）巡视要点

（1）楼梯间周边梁板叠合后，测量并弹出相应楼梯构件端部和侧边的控制线。

（2）调整索具铁链长度，使楼梯段休息平台处于水平位置，试吊预制楼梯板，检查吊点位置是否准确，吊索受力是否均匀等；试起吊高度不应超过1m（图7-33）。

（3）楼梯吊至梁上方30～50cm后，调整楼梯位置使上下平台锚固筋与梁箍筋错开，板边线基本与控制线吻合。

（4）根据已放出的楼梯控制线，用就位协助设备等将构件根据控制线精确就位，先保证楼梯两侧准确就位，再使用水平尺和倒链调节楼梯水平。

（5）调节支撑板就位后调节支撑立杆，确保所有立杆全部受力。

图7-33　楼梯吊装示意图

六、预制阳台、空调板施工流程及巡视要点

（一）安装工艺流程

预制构件进场、验收→放线→预制构件吊具安装→预制构件吊装→预制构件安装就位→微调定位→摘钩。

（二）巡视要点

（1）每块预制构件吊装前测量并弹出相应周边（隔板、梁、柱）控制线。

（2）板底支撑采用钢管脚手架+可调顶托+100mm×100mm木方，板吊装前应检查是否有可调支撑高出设计标高，校对预制梁及隔板之间的尺寸是否有偏差，并做相应调整。

（3）预制构件吊至设计位置上方3～6cm后，调整位置使锚固筋与已完成结构预留筋错开便于就位，构件边线基本与控制线吻合。

（4）当一跨板吊装结束后，要根据板周边线、隔板上弹出的标高控制线对板标高及位置进行精确调整，误差控制在2mm以内。

七、预制外墙挂板施工流程及巡视要点

（一）外围护墙安装施工工艺流程

预制墙板进场、验收→放线→安装固定件→安装预制挂板→缝隙处理→安装完毕。

（二）巡视要点

1. 外墙挂板施工前准备

每层楼面轴线垂直控制点不应少于4个，楼层上的控制轴线应使用经纬仪由底层原始点直接向上引测；每个楼层应设置1个高程控制点；预制构件控制线应由轴线引出，每块预制构件应有纵横控制线2条；预制外墙挂板安装前应在墙板内侧弹出竖向与水平线，安装时应与楼层上该墙板控制线相对应，当采用饰面砖外装饰时，饰面砖竖向、横向砖缝应引测，贯通到外墙内侧来控制相邻板与板之间，层与层之间饰面砖的砖缝对齐；预制外墙板垂直度测量，4个角留设的测点为预制外墙板转换控制点，用靠尺以此4点为准在内侧进行垂直度校核和测量；应在预制外墙板顶部设置水平标高点，在上层预制外墙板吊装时，应先垫垫块或在构件上预埋标高控制调节件。

2. 外墙挂板的吊装

预制构件应按照施工方案吊装顺序预先编号，严格按照编号顺序起吊；吊装应采用慢起、稳升、缓放的操作方式，应系好缆风绳控制构件转动；在吊装过程中，应保持稳定，不得偏斜、摇摆和扭转。预制外墙板的校核与偏差调整应按以下要求：

（1）预制外墙挂板侧面中线及板面垂直度的校核，应以中线为主进行调整；

（2）预制外墙板上下校正时，应以竖缝为主进行调整；

（3）墙板接缝应以满足外墙面平整为主，内墙面不平或翘曲时，可在内装饰或内保温层内调整；

（4）预制外墙板山墙阳角与相邻板的校正，以阳角为基准进行调整；

（5）预制外墙板拼缝平整的校核，应以楼地面水平线为准进行调整。

3. 外墙挂板底部固定、外侧封堵

外墙挂板底部坐浆材料的强度等级不应小于被连接的构件强度，坐浆层的厚度不应大于20mm，底部坐浆强度检验以每层为一检验批，每工作班组应制作一组且每层不应少于3组边长为70.7mm的立方体试件，标准养护28d后进行抗压强度试验。外墙挂板外侧为了防止坐浆料外漏，应在外侧保温板部位固定50mm宽×20mm厚的具备A级保温性能的材料进行封堵。

预制构件吊装到位后应立即进行下部螺栓固定并做好防腐防锈处理。上部预留钢筋与叠合板钢筋或框架梁预埋件焊接。

防水施工检查主要内容包括：

（1）预埋件安装、基层验收情况；

（2）防水材料的品种和规格；

（3）部品、部件、组件、门窗的连接节点；

4. 预制外墙挂板连接接缝防水密封胶施工检查要点

（1）接缝防水节点基层及空腔排水构造做法应符合设计要求；

（2）密封防水胶封堵前，缝内水平面、侧壁应清理干净，保持干燥，嵌缝材料应与板牢固粘结，不得漏嵌和虚粘；

（3）注胶宽度、厚度应符合设计要求，防水密封胶应均匀顺直，饱满密实，表面光滑连续；

（4）"十"字接缝处的防水密封胶应连续完成。

八、预制内隔墙施工流程及巡视要点

（一）安装工艺流程

预制内隔墙板进场、验收→放线→安装固定件→安装预制内隔墙板→灌浆→粘贴网格布→勾缝→安装完毕。

（二）巡视要点

（1）对照图纸在现场弹出轴线，并按排板设计标明每块板的位置，放线后需经技术员校核认可。

（2）预制构件应按照施工方案吊装顺序预先编号，严格按照编号顺序起吊；吊装应采用慢起、稳升、缓放的操作方式，应系好缆风绳控制构件转动；在吊装过程中，应保持稳定，不得偏斜、摇摆和扭转。

吊装前在底板上进行测量、放线（也可提前在墙板上安装定位角码）。将安装位洒水阴湿，地面上、墙板下放好垫块，垫块可保证墙板底标高的正确。垫板造成的空隙可用坐浆方式填补，坐浆的具体技术要求同外墙板的坐浆。

起吊内墙板，沿着所弹墨线缓缓下放，直至坐浆密实，复测墙板水平位置是否偏差，确定无偏差后，利用预制墙板上的预埋螺栓和地面后置膨胀螺栓（将膨胀螺栓在环氧树脂内蘸一下，立即打入地面）安装斜支撑杆，复测墙板顶标高后方可松开吊钩。

利用斜撑杆调节墙板垂直度（注：在利用斜撑杆调节墙体垂直度时必须两名工人同时间、同方向，分别调节两根斜撑杆）；刮平并补齐底部缝隙的坐浆。复核墙体的水平位置和标高、垂直度，相邻墙体的平整度。

检查工具：经纬仪、水准仪、靠尺、水平尺（或软管）、铅锤、拉线。

填写预制构件安装验收表，施工现场负责人及甲方代表、项目管理单位、监理单位签字后进入下一道工序（注：留存完成前后的影像资料）。

（三）内填充墙底部坐浆、墙体临时支撑

内填充墙底部坐浆材料的强度等级不应小于被连接的构件强度，坐浆层的厚度不应大于20mm，底部坐浆强度检验以每层为一个检验批，每工作班组应制作一组且每层不应

少于3组边长为70.7mm的立方体试件，标准养护28d后进行抗压强度试验。预制构件吊装到位后，应立即进行墙体的临时支撑工作，每个预制构件的临时支撑不宜少于2道，其支撑点距离板底的距离不宜小于构件高度的2/3，且不应小于构件高度的1/2，安装好斜支撑后，通过微调临时斜支撑使预制构件的位置和垂直度满足规范要求，最后拆除吊钩，进行下一块墙板的吊装工作。

后附装配式建筑监理常用表格（表7-1 ~ 表7-5）。

灌浆令

表 7-1

工程名称：　　　　　　　　　　　　　　　　　　　　　　　　　　编号：

施工单位					
灌浆施工部位					
灌浆施工时间					
灌浆施工人员	姓名	资格证明		姓名	资格证明
工作界面完成检查及情况描述	界面检查	套筒内杂物、垃圾是否清理干净		是□　否□	
		灌浆孔、出浆孔是否完好、整洁		是□　否□	
	连接钢筋	钢筋表面是否整洁、无锈蚀		是□　否□	
		钢筋的位置及长度是否符合要求		是□　否□	
	分仓与封堵	封堵是否密实		是□　否□	
		是否按照要求分仓		是□　否□	
	通气检查	是否通畅 不通畅预制构件标示		是□　否□	
灌浆准备工作情况描述	设备	设备配置是否满足灌浆施工要求		是□　否□	
	材料	灌浆料检验是否合格		是□　否□	
	环境	温度是否符合灌浆施工要求		是□　否□	
审批意见	上述条件是否满足灌浆施工条件： 同意灌浆 □　　　不同意，整改后重新申请□				
	项目经理		签发时间		
	监理工程师		签发时间		

注：本表由施工单位专职检验人员填写。　　　　　专职检验人：　　　日期：

灌浆旁站记录 表 7-2

工程名称：   编号：

旁站部位			施工单位	
旁站开始时间	年　月　日　时		旁站结束时间	年　月　日　时

旁站的关键部位、关键工序施工情况：

灌浆施工人员是否通过培训：　　　　　　　　　　　　　　　　是□　否□

施工单位专职检验人员是否到岗：　　　　　　　　　　　　　　是□　否□

设备配置是否满足灌浆施工要求：　　　　　　　　　　　　　　是□　否□

环境温度是否符合灌浆施工要求：　　　　　　　　　　　　　　是□　否□

浆料配比搅拌是否符合要求：　　　　　　　　　　　　　　　　是□　否□

出浆口封堵是否符合要求：　　　　　　　　　　　　　　　　　是□　否□

出浆口未出浆，采取的补灌工艺是否符合要求：　　　　是□　否□　不涉及□

发现的问题及处理情况：

旁站监理人员（签字）：＿＿＿＿＿＿＿＿

年　　　月　　　日

注：本表一式一份，项目监理机构留存。

危大工程巡视检查记录表　　　　　　　　表 7-3

工程名称：　　　　　　　　　　　　　　　　　　　　　编号：

危大工程名称		施工单位	

危大工程作业内容：

巡视检查情况：

发现的问题及处理情况：

巡视检查人员（签字）＿＿＿＿＿＿＿＿

年　　月　　日

注：本表一式一份，项目监理机构留存。

生产厂管理要素检查表

表 7–4

生产厂	
项目名称	
采购内容	

序号	项目	检查主要内容
1	企业管理体系	完善□　修改补充□
2	质量责任制	完善□　修改补充□
3	生产方案编制及审批	完善□　修改补充□
4	原材料、构配件采购管理制度	完善□　修改补充□
5	计量设备配备	齐全合格□　补充完善□
6	检测试验管理制度	完善□　补充完善□
7	工程质量检查验收制度	完善□　补充完善□
8	存储堆场设置	合理□　调整完善□

生产厂自检结果：

生产负责人：＿＿＿＿＿＿
年　月　日

项目监理机构检查结论：

总监理工程师：＿＿＿＿＿＿
年　月　日

注：本表一式三份，项目监理机构、建设单位、生产厂各一份。

部品、部件、组件首次安装联合验收表　　　　　　　　　　表 7-5

工程名称：　　　　　　　　　　　　　　　　　　　　　　编号：

施工部位			
施工日期			
施工准备情况	施工方案审查	施工方案是否已经过审查或论证	□是　　　□否
	施工材料准备	施工材料是否经过验收并检测合格	□是　　　□否
	施工人员资格	施工人员是否经培训合格	□是　　　□否
现场检查情况	预留钢筋	长度和定位是否合格	□是　　　□否
	预留洞口	大小和定位是否合格	□是　　　□否
	辅助支撑	预埋固定点和间距是否合格	□是　　　□否
部品部件资料	质量保证资料	□齐全合格　　□不齐全待补充　　□不合格	
	性能检验资料	□齐全合格　　□不齐全待补充　　□不合格	
	型式检验报告	□齐全合格　　□不齐全待补充　　□不合格	
建设单位意见：		签字：	
设计单位意见：		签字：	
施工单位意见：		签字：	
生产单位意见：		签字：	
监理单位意见：		签字：	

注：本表一式五份，各单位留存一份，相关资料附后。

附录A 房屋建筑工程监理工作清单

房屋建筑工程地基基础分部施工阶段质量控制监理工作清单

表 A.0.1

子分部	编制文件	审查方案	分项工程	巡视（巡视检查内容）	平行检验	旁站
地基	地基工程监理实施细则	地基工程施工方案	素土、灰土地基	素土、灰土料配比、分层铺设、夯压施工	对各分项工程所含检验批进行实测检查，对需试验检测项目的试验检测结果进行核查	土方回填、混凝土浇筑
			砂和砂石地基	级配、分层铺设、分段施工搭接、压实施工		
			土工合成材料地基	基槽清底、回填料铺设及平整、土合成材料级配、接缝搭接、与结构的连接		
			粉煤灰地基	配比、分层厚度、碾压		
			强夯地基	夯点位置、夯击范围、夯点施工、夯沉量		
			注浆地基	浆液配比、注浆顺序及注浆过程		
			预压地基	堆载高度、变形速率、预压施工		
			砂石桩复合地基	桩位、填料量、振冲施工、留振时间		
			高压喷射注浆复合地基	水泥及外掺剂配比、桩位、搅拌施工、注浆施工、水泥浆或水泥注程序		
			水泥土搅拌桩复合地基	水泥及外掺剂配比、桩位、浆液配比、搅拌施工、搅拌桩长度及标高入、搅拌桩长度及标高		
			土和灰土挤密桩复合地基	石灰及土配比、桩位、夯击压实		
			水泥粉煤灰碎石桩复合地基	桩身混合料的配合比、混合料充盈系数		
			夯实水泥土桩复合地基	水泥及夯实用土料配比、成孔、孔位、成孔、夯实施工		

续表

子分部	编制文件	审查方案	分项工程	巡视（巡视检查内容）	平行检验	旁站
基础	基础工程监理实施细则；桩基础工程监理实施细则	基础工程施工方案；桩基础工程专项施工方案	无筋扩展基础	定位放线、砌筑施工、砂浆配比、模板制作安装、混凝土浇筑、试件留置	对各分项工程所含检验批进行实测检查，对需试验检测项目的试验检验测结果进行核查	
			钢筋混凝土扩展基础	定位放线、钢筋加工安装、模板支设、混凝土浇筑、试件留置		
			筏形与箱形基础	定位放线、预留孔洞、预埋件、钢筋加工安装、混凝土浇筑		
			钢筋混凝土预制桩	接桩、锤击压入、桩位及桩顶标高		
			泥浆护壁成孔灌注桩	桩位、成孔、桩端的岩性和入岩深度、钢筋笼制作与安装、混凝土浇筑		
			干作业成孔灌注桩	施工顺序、桩位、成孔、钢筋笼制作安装、混凝土浇筑		土方回填，混凝土浇筑
			长螺旋钻孔压灌注桩	桩位、成孔、钢筋笼制作安装、混凝土浇筑		
			沉管灌注桩	桩位、成孔、钢筋笼制作安装、混凝土浇筑、接管		
			钢桩	桩位、打入（静压）、接桩、桩顶完整状况、锤击、桩顶标高		
			锚杆静压桩	锚杆规格、接桩间歇时间、桩连接及压入、承受反力观测		
			岩石锚杆基础	砂浆或混凝土配比、孔位、成孔、注浆、抗拔承载力和锚固体强度检测		
			沉井与沉箱	施工设备、沉井与沉箱位置、模板安装、预埋件、下沉过程控制、下沉后接高、底板封底、浮运沉井起浮、渗漏情况等		
特殊土地基基础	特殊土地基基础监理实施细则	特殊土地基基础专项施工方案	湿陷性黄土	垫层总厚度、灰土土料配比、铺设厚度	对各分项工程所含检验批进行实测检查，对需试验检测项目的试验检验测结果进行核查	
			冻土	回填料铺设、保温隔热材料铺设状况		
			膨胀土	同素土、灰土地基、干作业成孔、长螺旋钻孔压灌桩要求		
			盐渍土	同砂和砂石地基、粉煤灰地基、强夯地基、砂石桩复合地基要求		

续表

子分部	编制文件	审查方案	分项工程	巡视检查内容	平行检验	旁站
基坑支护	基坑支护工程监理实施细则	基坑支护专项施工方案	排桩	桩位、成孔、钢筋笼制作与安装、混凝土灌注、高压喷射注浆、试件留置	对各分项工程所含检验批进行实测检查，对需试验检测项目的试验检测结果进行核查	土方回填，混凝土、灌注桩连续墙、连续墙、土钉墙、地下、后浇带及其他结构混凝土
			板桩围护墙	桩位、沉桩施工		
			咬合桩围护墙	挡墙施工、成孔、钢筋笼的制作、混凝土浇筑、试件留置、逐次拔管		
			型钢水泥土搅拌墙	测量放线、沟槽施工、成孔、型钢放置、混凝土浇筑、型钢拔孔注浆		
			土钉墙	放坡、土钉、土钉成孔、土钉杆体安装、注浆、喷射混凝土		
			地下连续墙	测量放线、导墙施工、泥浆配比、沟槽施工、钢筋笼制作安装、清孔、混凝土浇筑		
			重力式水泥土搅拌墙	定位放线、搅拌下沉、泥浆配比、注浆、搅拌		
			土体加固	水泥土搅拌同重力式水泥土墙要求；高压喷射同排桩要求；注浆同注浆地基要求		
			内支撑	土方开挖、模板安装、钢筋制作安装、混凝土浇筑、钢支撑		
			锚杆	锚具设备、锚杆位置、钻孔、锚杆连接及安装、注浆		
			与主体结构相结合的基坑支护	相关内容同各分项要求		
地下水控制	地下水控制监理实施细则	地下水控制专项施工方案	降排水	排水沟、集水井施工、坑内外水位变化情况、封孔及回填		
			回灌	成孔、泥浆配比、回灌、管井封堵		
土石方工程	土石方工程监理实施细则	土方石工程专项施工方案	土方开挖	测量、开挖、放坡、排水、支护结构变形		土方回填、防水混凝土浇筑
			岩质基坑开挖	测量、开挖、放坡、排水、支护结构变形		
			土石方堆放与运输	堆放堆载、边坡稳定、排水、防尘及污染		
			土石方回填	素土、灰土料配比、级配、分层铺设、夯压施工		

续表

子分部	编制文件	审查方案	分项工程	巡视 巡视检查内容	平行检验	旁站
边坡工程	边坡工程监理实施细则	边坡工程专项施工方案	喷锚支护	锚具设备、锚杆位置、配合比、钢筋制作安装、锚杆（索）连接及锚固、喷锚混凝土锚固段注浆、锚杆（索）连接及锚固、喷锚混凝土	对各分项工程所含检查、批进行实测检查，对需试验检测项目的试验检测结果进行核查	土方回填、防水混凝土浇筑
			挡土墙	沟槽施工、模板及钢筋制作安装、混凝土防水浇筑、砌体砌筑、墙背填筑、泄水孔		
			边坡开挖	土石方开挖、放坡、监测和监控、防尘及污染		
地下防水	地下防水工程监理实施细则	地下防水工程专项施工方案	主体结构防水	施工缝、变形缝、后浇带、穿墙管、埋设件等设置和构造配合比，模板支设、混凝土浇筑、试件留置、混凝土养护；水泥砂浆防水层施工及养护；卷材防水层铺设、涂料防水层涂刷、金属防水层施工、搭接缝焊接；防水砂板铺设、搭接缝铺贴、膨润土防水材料防水层固定、防水毯铺设、封口密封、加强层铺贴	对各分项工程所含检查、批进行实测检查，对需试验检测项目的试验检测结果进行核查	主体结构防水、细部构造防水、特殊施工法结构防水、防水混凝土浇筑
			细部构造防水	施工缝、变形缝留置与施工、中埋式止水带埋设；后浇带防水构造与混凝土浇筑；穿墙管制作安装及变形缝制作安装、预留通道接头防水构造、中埋式止水带、埋设件防水条卷埋设、通道外接头保护措施；桩头防水构造、封堵措施、结构接缝密封；孔口防水铺设；坑、池防水浇筑、蓄水试验		
			特殊施工法结构防水	锚杆位置、钻孔、锚杆连接及锚固、注浆、混凝土配比、混凝土喷射及养护、连续墙测量放线、沟槽施工、钢筋笼制作安装、混凝土浇筑、试件留置、缺陷修补、沉井位置、模板安装、下沉过程控制及接高、施工缝防水措施、底板封底、浮运沉井起浮、渗漏水量检测；盾构机掘进、管片拼装、同步注浆、外防水涂装、逆筑结构模板、混凝土浇筑、接缝与施工缝处理、防水层施工		
			排水	管渠、盲沟构造、渗排水、盲沟滤层铺填、集水管敷设、排水设施；塑料排水板构造、铺设与搭接、塑料排水板排水与排水系统连通		
			注浆	钻孔、注浆浆液配合比、注浆、钻孔取芯检查		

房屋建筑工程主体结构分部施工阶段质量控制监理工作清单

表 A.0.2

子分部	编制文件	审查方案	分项工程		巡视		平行检验	旁站
					巡视检查内容			
混凝土结构	混凝土结构工程监理实施细则	混凝土结构施工方案	模板		模板及支架用材，模板及支架安装，后浇带处的模板及支架，拆模		对各分项工程所含检验批进行实测检查，对需试验检测项目的试验检测结果进行核查	
			钢筋		钢筋加工，钢筋连接或焊接，梁、柱节点钢筋，受力钢筋安装，锚固方式			
			预应力		预应力隐蔽工程，预应力筋安装，锚具制作，预应力筋张拉，预应力成孔成管道定位控制，灌浆及封锚			
			混凝土		混凝土配比，混凝土强度试件留置，后浇带的留置，混凝土浇筑、养护			
			现浇结构		现浇结构的外观质量缺陷，质量缺陷修整或返工，影响结构性能或使用功能的尺寸偏差			
			装配式结构		隐蔽工程，装配式结构的接缝及防水，预制构件的外观质量，预埋件、临时固定，套筒灌浆，钢筋焊接或机械连接，螺栓连接，混凝土浇筑			
砌体结构	砌体结构工程监理实施细则	砌体结构工程施工方案	砖砌体	混凝土小型空心砌块砌体	定位放线，块体湿润程度，组砌方法，砌浆配比，砌体砌筑，临时间断留槎处置，拉结钢筋设置，砂浆试块留置		对各分项工程所含检验批进行实测检查，对需试验检测项目的试验检测结果进行核查	
			石砌体		毛石缝隙灌浆，挡土墙的泄水孔留置，组砌形式，砂浆配比，砌体砌筑，灰缝砂浆饱满度，砂浆试块留置			
			配筋砌体		配筋安装，受力钢筋连接方式及锚固，构造柱与墙连接，其他同砖砌体分项			
			填充墙砌体		构造柱与墙连接，预留拉结筋，填充墙与承重墙、柱、梁的连接，其他同砖砌体分项			

116

续表

子分部	编制文件	审查方案	分项工程	巡视（巡视检查内容）	平行检验	旁站
钢结构工程	钢结构工程监理实施细则	钢结构工程专项施工方案	钢构件焊接	焊缝施焊，焊缝检测，组合焊缝加强焊脚，焊钉焊接瓷环烘焙，栓钉焊接接头外观	对各分项工程所含检验批进行实测检查，对需试验检测的项目的试验检测结果进行核查	
			紧固件连接	普通紧固件紧固，自攻钉、拉铆钉、射钉与连接钢板紧固；高强度螺栓连接摩擦面（含涂层摩擦面）的抗滑移系数试验，高强度螺栓连接副扭矩擦面钢材表面处理		
			钢零件及部件加工	钢材切割或剪切，矫正和成型，边缘加工、球节点加工、铸钢件加工，制孔		
			钢构件组装	组装顺序，型材拼接，部件组装，端部铣平量，组装质		
			钢构件预拼装	支承凳或平台，实体预拼装，高强度螺栓和普通螺栓连接		
			单层、多高层结构安装	定位放线，施工荷载冰雪荷载，二次浇灌，基础和地脚螺栓（锚栓）安装，钢柱安装、钢屋（托）架、钢梁、墙架、檩条、次结构安装连接节点安装，钢板剪力墙安装、钢梯安装，支撑、墙架，钢平台，钢结构主体结构		
			空间结构安装	支座和地脚螺栓（锚栓）安装，钢网架、网壳结构安装、钢管桁架结构制作，索结构安装，膜单元制作，桁架安装，架结构安装，固定金属板安装，连接构造及节点，金属屋面系统		
			压型金属板	压型金属板制作，压型金属板安装节点，金属屋面系统		
			涂装	防腐涂料，防火涂料涂装，涂层缺陷修补		
			构件现场拼装	钢构件进场，钢构件加工、构件现场拼装，焊缝施焊		
钢管混凝土结构	钢管混凝土结构工程监理实施细则	钢管混凝土结构工程专项施工方案	构件安装	柱脚锚固，柱脚构造，位置尺寸，构件就位后校正固定	对各分项工程所含检验批进行实测检查，对需试验检测的项目的试验检测结果进行核查	
			构件连接	柱梁接点核心区构造，柱梁连接节点，柱梁吊装与混凝土浇筑，梁纵筋制作安装		
			钢管内钢筋骨架	钢筋制作安装，受力钢筋位置，锚固与管壁距离，钢筋骨架		
			混凝土	混凝土配比，混凝土浇灌及试件留置，管内施工缝留置，养护		

续表

子分部	编制文件	审查方案	分项工程	巡视（巡视检查内容）	平行检验	旁站
铝合金结构	铝合金结构工程监理实施细则	铝合金结构专项施工方案	铝合金构件焊接	焊接材料进场，焊缝内部缺陷，焊接焊缝	对各分项工程所含检验批进行实测检查，对需试验检测项目的试验检验结果进行核查	
			铝合金紧固件连接	普通紧固件紧固程度，自攻钉、射钉等与连接钢板紧固；高强度螺栓连接摩擦面（含涂层摩擦面）的抗滑移系数试验，摩擦面钢材表面处理，高强度螺栓连接副扭矩		
			铝合金零部件加工	钢材切割或剪切，矫正和成型，边缘加工，球、毂加工，制孔，槽口、豁口，榫头加工		
			铝合金构件组装	组装顺序，单元件组装，桁架杆件，端部铣平，安装焊接		
			铝合金构件预拼装	支承凳或平台，实体预拼装，高强度螺栓和普通螺栓连接		
			铝合金框架结构安装	定位放线，施工荷载，二次浇灌，基础和地脚螺栓（锚栓）安装，结构柱子安装，屋（托）架、梁（桁架）安装，连接构件修补，现场焊接		
			铝合金空间网格安装	定位放线，支座锚栓安装，支承面顶板，支承垫块，拼接单元，节点承载力试验，空间网格总拼、安装		
			铝合金面板	铝合金面板制作，漆膜，固定支架安装，构件固定		
			铝合金幕墙	支座定位锚栓，预埋件，连接件，幕墙结构与主体结构连接，螺栓紧固，构件安装		
			防腐处理	阳极氧化，涂装及涂层缺陷修补，与其他材料的隔离		
木结构	木结构工程监理实施细则	木结构专项施工方案	方木和原木结构	方木、原木结构布置，各类结构件制作及构件连接进场，木结构支座节点连接	对各分项工程所含检验批进行实测检查，对需试验检测项目的试验检验结果进行核查	
			胶合木结构	结构形式、结构布置，各连接节点连接件，桁架端节点连接，胶木构件制作		
			轻型木结构	轻型木结构的承重墙（包括剪力墙），柱、楼、盖、屋面布置，抗倾覆措施及屋盖抗掀起措施，齿板桁架加工制作，金属连接件连接		
			木结构防护	阻燃剂，防火涂料施工，防虫等药剂施工，防腐防火构造措施，管线敷设		

房屋建筑工程装饰装修分部施工阶段质量控制监理工作清单

表 A.0.3

工程分部	编制文件	审查方案	分项工程	巡视（巡视检查内容）	平行检验	旁站
装饰装修	装饰装修工程监理实施细则	建筑地面施工方案	建筑地面	基层、垫层、找平层、隔离层、填充层、绝热层、防水层、面层的施工质量	对各分项工程所含检验批进行实测检查，对需试验检测项目的试验检测结果进行核查	
		抹灰工程施工方案	抹灰	基层、粘结层及面层的施工质量		
		建筑外墙防水工程施工方案	外墙防水	外墙不同结构材料交接处的增强措施的节点、砂浆防水层在变形缝、门窗洞口、穿外墙管道和预埋件等部位的做法、防水层的搭接宽度及细部加强层的施工质量		
		门窗工程施工方案	门窗	门窗工程中的预埋件和锚固件、隐蔽部位的防腐和填嵌处理及高层金属窗防雷连接节点的施工质量		
		建筑装饰装修工程施工方案	吊顶	吊顶内管道、设备的安装及水管试压，预埋件留设、吊杆安装、龙骨安装的施工质量		
			轻质隔墙	骨架隔墙中设备管线的安装及水管试压、龙骨安装的施工质量		
			饰面板	预埋件设置、龙骨安装、连接点、防水、保温、防火、外墙金属板防雷连接的施工质量		
			饰面砖	基层和基体、防水层、面层的施工质量		
			涂饰	基层、涂料的品种、性能、型号、涂饰颜色、图案		
			裱糊与软包	基层、龙骨、衬板、边框安装、材料质量、壁纸、墙布粘结料的施工质量		
			细部	橱柜、窗帘盒、门窗套、护栏与扶手、花饰制作、安装的施工质量		
	幕墙工程监理实施细则	建筑幕墙工程施工方案	幕墙	预埋件或后置埋件、锚栓、连接件、隐框玻璃板块的固定、幕墙防水、防雷装置、开启窗、结构变形缝、墙角连接处的施工质量		

房屋建筑工程屋面分部施工阶段质量控制监理工作清单

表 A.0.4

工程分部	编制文件	审查方案	分项工程	巡视（巡视检查内容）	平行检验	旁站
屋面	屋面工程监理实施细则	屋面工程施工方案	找坡层和找平层	材料配合比、排水坡度、交接处及转弯处处理、外观质量	对各分项工程所含检验批进行实测检查，对需试验检测项目的试验检验结果进行核查	卷材防水层细部构造处理
			隔汽层	破损现象、外观质量		
			隔离层	配合比、破损和漏铺、卷材铺设、外观质量		
			保护层	配合比、排水坡度、外观质量		
			板状、纤维材料保温层	保温层厚度、热桥部位处理、铺设、固定方式		
			喷涂硬泡聚氨酯保温层	保温层厚度、热桥部位处理、喷涂		
			现浇泡沫混凝土保温层	保温层厚度、热桥部位处理、喷涂		
			种植隔热层	排水层、泄水孔留设、陶粒铺设、排水板铺设、土工布搭接宽度、种植土厚度		
			架空隔热层	铺设、距墙间距、高度及做法		
			蓄水隔热层	防水混凝土强度等级和抗渗等级、蓄水池孔洞留设、渗漏、排气孔留设		
			卷材防水层	细部构造、铺设方向、厚度、搭接宽度、收口、胎体增强材料搭接宽度		
			涂膜防水层	细部构造、厚度、总厚度		
			复合防水层	细部构造、细部构造		
			接缝密封防水	密封材料嵌填深度、接缝宽度		
			烧结瓦和混凝土瓦铺装	渗漏、瓦片铺装及固定、泛水做法		
			沥青瓦铺装	渗漏、铺设及固定、泛水做法		
			金属板铺装	渗漏、铺装及固定、细部构造		
			玻璃采光顶铺装	渗漏、铺装、排水坡度、冷凝水		
			檐口	排水坡度、细部构造		
			檐沟和天沟	排水坡度、附加层铺设、细部构造		
			女儿墙和山墙	压顶和根部做法、泛水高度、位置、附加层铺设		
			水落口	水落口杯留置、数量、位置、周围附加层铺设		
			变形缝	渗漏及积水、泛水高度、附加层铺设、防水层铺设或涂刷、顶部处理		
			伸出屋面管道	管道根部处理、泛水高度、附加层铺设、防水层收口		
			屋面出入口	渗漏及积水、泛水高度		
			反梁过水孔	渗漏及积水、孔洞标高尺寸管径		
			设施基座	渗漏及积水、与结构层连接、入行道处理		
			屋脊	渗漏、铺设		
			屋顶窗	渗漏、金属排水板和窗框固定、防水卷材铺设		

表 A.0.5

房屋建筑工程给水排水及供暖分部施工阶段质量控制监理工作清单

工程分部	子分部	编制文件	审查方案	分项工程	巡视检查内容	平行检验	旁站
建筑给水排水及供暖	室内给水系统	建筑给水排水及供暖工程监理实施细则	建筑给水排水及供暖施工方案	给水管道及配件安装	给水管道安装、水压试验，给水系统的通水试验，管道冲洗和消毒，管道及管件的焊接，直埋金属管道防腐，金属支架及管道支吊架，给水平管道坡度坡向，水表安装	对各分项工程所含检验批进行实测检查，对需检测项目的试验检测结果进行核查	
				给水设备安装	水泵基础、水泵支架或底座安装，水泵运转的轴承温升，敞口水箱满水试验和密闭水箱（罐）水压试验，水箱溢流管和泄放管安装，立式水泵减震装置		
				室内消火栓系统安装	室内消火栓试射试验，室内消火栓箱内安装，栓口位置、高度，箱体的垂直度		
				自动喷水灭火系统安装	水泵安装；吸水管及其附件安装；出水管上阀门附件；安装位置是否便于日常操作和维护管理		
			消防喷淋系统安装	消防水箱安装和消防水池施工	消防水池、消防水箱、出水管、防水套管，防水套管安装情况；钢筋混凝土安装时，其敞口应应封闭，防水套管；安装位置是否方便及维护管理；接与市政供水管、生活供水管连接时，连接处应安装倒流防止器；容积、溢流管、安装处应应安装倒流防止器；稳压供水安装；附件安装；稳压泵的安装		
				消防气压给水设备和稳压泵安装	消防气压给水设备安装位置，进水管出水方向；清除内部污垢和杂物。安装位置是否便于日常操作和维护管理；消防供水管直接与市政供水管连接时，连接处应安装倒流防止器；生活供水管连接时，连接处应安装倒流防止器；室内消防水泵接合器的安装		
				消防水泵接合器安装	组装式/整体式消防水泵接合器。安装位置是否便于日常操作和维护管理；地下部消防水泵接合器的安装；清除内部污垢和杂物；地下消防水泵接合器安装时，连接处安装倒流防止器；防冻措施；室内消防水泵接合器的砌筑是否有防冻和排水措施		
				自动喷水灭火系统管道安装	管道材质；管道连接方式；管道安装前的准备工作；沟槽式管件连接要求、螺纹连接要求，法兰连接位置；管道的安装位置；管道支吊架，生活供水管，连接处是否符合规范和设计要求；管道标识；管道支架，管道抗变形措施；管道坡度；管网安装中断时，将敞口是否封闭；水平管道纵横方向弯曲；立管垂直度		

续表

工程分部	子分部	编制文件	审查方案	分项工程		巡视（巡视检查内容）	平行检验	旁站
建筑给水排水及供暖	室内给水排水系统	建筑给水及排水及供暖工程监理实施细则	建筑给水排水及供暖工程施工方案	消防喷淋系统安装	自动喷水灭火系统喷头安装	喷头安装须系统试压、冲洗合格；不得对喷头拆装、改动，严禁给喷头附加任何装饰性涂层；使用专用扳手，更换须规格型号一致；喷头的位置、规格、型号，使用场所喷头公称直径小于10mm，在配水干管或配水管上安装过滤器；溅水盘高于梁底、通风管道、排管、桥架腹面的垂直距离，增设的喷头应安装在其腹面以下部位，喷头与隔断的水平距离和最小垂直距离；溅水盘高于梁底、通风管道、排管、桥架腹面时，增设的喷头在其腹面宽度大于1.2m小于直距离	对各分项工程所含检验批进行实测检查，对需试验检测结果进行核查；对目的试验检验检测结果进行核查	
					湿式报警阀组安装	报警阀组的安装；报警阀组附件的安装；压力表安装位置；排水管和试验阀安装位置；水源控制阀安装装置；湿式报警验阀组安装位置；系统流量压力检测装置；报警阀前后管道中能顺利充满水，压力波动时，水力警铃不应发生误报警；过滤器安装位置		
					干式报警阀组安装	报警阀组的安装；报警阀组附件的安装；压力表安装位置；排水管和试验阀安装位置；水源控制阀门；信号控制阀安装的场所；干式报警阀门；装置不发生冰冻的场所；充水连接管安装；安装完成后，是否向报警阀气室注入高度为50~100mm的清水；加速器安装位置；低气压预报警装置安装在雨淋阀的水源一侧；管网充气压力		
					雨淋阀组安装	报警阀组的安装；报警阀组附件的安装；压力表安装位置；排水管和试验阀安装位置；水源控制阀安装；信号阀安装；开启方式；雨淋阀水力警铃安装；预作用系统雨淋阀组后的管道若需充气，其安装方式是否按干式报警阀组安装要求进行；仪表和操作阀门的安装位置；雨淋阀组安装在雨淋阀的水源一侧		
					自动喷水灭火系统其他组件安装	水流指示器的安装；安装的条件、规格型号；水力警铃安装；压力开关安装；控制阀安装；信号阀安装位置；减压阀安装；末端试水装置安装；节流孔板安装；引出线管安装；排气阀安装；多功能水泵控制阀的安装；倒流防止阀的安装		
				防腐、绝热、消毒、冲洗、试验与调试		防腐、绝热、消毒、管道冲洗、试验与调试		

续表

工程分部	子分部	编制文件	审查方案	分项工程	巡视检查内容		平行检验	旁站
						巡视		
建筑给水排水及供暖	室内排水系统	建筑给水排水及供暖工程监理实施细则	建筑给水排水及供暖工程施工方案	排水管道及配件安装	排水管道灌水压试验、排水立管及水平干管通球试验、排水塑料管伸缩节设置和清扫口、生活污水管铸铁管、塑料管支吊架安装、排水通气管安装、室内污水管道检查口和清扫口		对各分项工程所含检验批进行实测检查，对需试验检测项目的试验检测结果进行核查	
				雨水管道及配件安装	室内雨水管道灌水试验、塑料雨水管道伸缩节安装、雨水管道是否污水管连接、雨水斗安装			
				防腐、试验与调试	防腐、试验与调试			
建筑给水排水及供暖	室内热水系统	建筑给水排水及供暖工程监理实施细则	建筑给水排水及供暖工程施工方案	管道及配件安装	水压试验、补偿器安装、系统冲洗、温控器及阀门安装	管道安装坡度、	对各分项工程所含检验批进行实测检查，对需试验检测项目的试验检测结果进行核查	
				辅助设备安装	热交换器、太阳能热水器排管和水箱水压试验及满水试验、水泵基础、水泵试运转温升，太阳能热水器安装、集热水箱的管道坡度、水箱底部与上集管间距、热水器最低处泄水装置、热水器置上、下集管的保温			
				防腐、绝热、试验与调试	防腐、绝热、试验与调试			
	卫生器具			卫生器具安装	卫生器具满水、通水试验、排水栓和地漏安装、浴盆检修门、小便槽	冲洗管安装、卫生器具的支架安装	对各分项工程所含检验批进行实测检查，对需试验检测项目的试验检测结果进行核查	
				卫生器具给水配件安装	卫生器具给水配件			
				卫生器具排水管道安装	器具受水口与立管、浴盆软管淋浴器挂钩接合、连接排水管是否严密、支托架安装			
				试验与调试	试验与调试			
建筑给水排水及供暖	室内供暖系统	建筑给水排水及供暖工程监理实施细则	建筑给水排水及供暖工程施工方案	管道及配件安装	采暖系统水压试验、采暖系统冲洗、试运行和调试、补偿器型号位置、预应力伸及固定支架制作、方形补偿器制作、安装、平衡阀、调节阀、减压阀、安全阀质量、管道安装坡度、热量表、疏污器等安装、采暖入口及分户热计量装置安装、散热器支管、管道变径、管道上翻支架、膨胀管及循环管上是否安装阀门、高温水管可拆卸件及垫料安装、管道弯曲及支架除漆	连接排水管	对各分项工程所含检验批进行实测检测，对需试验检测项目的试验检测结果进行核查	
				辅助设备安装	水泵、水箱热交换器安装、水箱水压试验及满水试验			
				散热器安装	散热器组对、散热器水压试验、支托架、背面距内表面的距离、平直度及垂直度			

续表

工程分部	子分部	编制文件	审查方案	分项工程	巡视检查内容	平行检验	劳务站
建筑给水排水及供暖	室内供暖系统	建筑给水排水及供暖工程监理实施细则	建筑给水排水及供暖工程施工方案	低温热水地板辐射供暖安装	加热盘管埋地、水压试验、加热盘管安装、加热盘管弯曲半径、分、集水器规格及安装、加热盘管安装、防潮层隔热层伸缩缝及填充混凝土强度	对各分项工程所含检验批进行实测检查，对需进行试验或测项目的试验检测结果进行核查	
				电加热供暖系统安装	加热电缆敷设（使用中严禁拼装、有外伤或破损的严禁使用），加热电缆接地屏蔽层，加热电缆冷、热线接头；加热电缆前后标称电阻和绝缘电阻值；电热膜安装前后标称电阻和电热膜直流电阻直流值，外观质量及标识；加热电缆（线）的对地绝缘电阻值，电热膜型号，电热膜与加热电缆敷设的间距，长度及弯曲半径，电热膜与辐射电缆（线）的连接；防潮层，填充层，绝热层铺设（采用地面辐射供暖方式）		
				燃气红外辐射供暖系统安装	燃气设备与提供燃气匹配，设备规格，工作压力及安装位置，辐射管及尾管坡度，燃气管道与发生器连接		
				热风供暖系统安装	空气加热器，暖风机，热空气幕风机，风管及风口的安装，平直度和垂直度		
				热计量及调控装置安装	分户热计量系统入户装置，热计量表安装及位置。热流量表流量传感器的安装，热量表计算器的安装		
				试验与调试，防腐，绝热	散热器防腐，绝热，相关试验与调试		
	室外给水管网	建筑给水排水及供暖工程监理实施细则	建筑给水排水及供暖工程施工方案	给水管道安装	给水管道是否穿越污染源，管道井内安装与井壁间的距离，管道的水压试验，管道和支架安装，给水和污水管平行铺设距离	对各分项工程所含检验批进行实测检查，对需进行试验或测项目的试验检测结果进行核查	
				阀门及配件安装	阀门和水表及位置		
				室外消火栓系统安装	系统水压试验，管道冲洗，消防水泵接合器和室外消火栓位置、安装，高度和标识，地下水泵接合器安装		
				防腐、冲洗和消毒试验与调试	防腐，冲洗和消毒试验与调试		
				室外给水管网回填土	埋地管道覆土深度，管道上可拆和易腐件		管网回填土

续表

工程分部	子分部	编制文件	审查方案	分项工程	巡视 巡视检查内容	平行检验	旁站
	室外排水管网			排水管道安装	管道坡度、灌水和通水试验、排水铸铁管的水泥捻口、除锈涂漆、承插口安装方向、混凝土管或钢筋混凝土管抹带接口	对各分项工程所含检验批检查、检测检验项目的试验、对需试验、对检测项目的试验检测结果进行核查	
				排水管沟与井池施工	沟基础的处理和井池底板、化粪池板及进出水管标高、井池规格尺寸、位置、砌筑和抹灰、井盖标识		
				排水系统闭水试验与调试	系统闭水试验与调试		
				室外排水管网回填土	埋地管道覆土深度及回填土质量		回填土
建筑给水排水及供暖	室外供热管网	建筑给水排水及供暖工程监理实施细则	建筑给水排水及供暖工程施工方案	管道及配件安装	管道焊接、坡度、平衡阀、调节阀安装位置、直埋无补偿供热管道预热伸长及三通加固、补偿器位置和预拉伸支架位置安装、直埋管及接口、现场发泡保温	对各分项工程所含检验批检查、检测检验项目的试验、对需试验、对检测项目的试验检测结果进行核查	
				系统水压试验	系统水压试验		
				土建结构	井底板及进出热水管标高、井池规格尺寸、位置、砌筑和抹灰、井盖标识		
				防腐、绝热、试验与调试	管道冲洗、防腐、绝热、通热、试运行调试		
				室外管网回填土	埋地管道覆土深度及回填土质量		回填土
	建筑饮用水供应系统	饮用水供应工程监理实施细则	饮用水供应工程施工方案	管道及配件安装	给水管道安装、水压试验、给水系统的通水试验、管道冲洗和消毒、直埋金属管道防腐、金属管件的焊接、给水平管道坡度方向、管道支吊架、水表安装	对各分项工程所含检验批检查、检测检验项目的试验、对需试验、对检测项目的试验检测结果进行核查	
				水处理设备及设施安装	水箱基础、水处理设备支架或底座安装、水处理设备排出的浓水设施、水罐（箱）的满水实验。产品水罐（箱）溢流管和空气呼吸器、净水机房配备空气消毒装置。紫外线安装电导、水量、水压、液位等实时检测仪表		
				防腐、绝热、试验与调试	防腐、绝热、试验与调试		

续表

工程分部	子分部	编制文件	审查方案	巡视		平行检验	劳务站
				分项工程	巡视检查内容		
建筑给水排水及供暖	建筑中水系统及雨水利用系统	建筑中水及雨水利用工程监理实施细则	建筑中水及雨水利用工程施工方案	建筑中水系统、雨水利用系统管道及配件安装	中水管道上装设用水器，饮用水管道连接，管道暗装、中水管道与其他管道平行交叉辅设净距	对各分项工程所含检验批进行实测检查，对需试验检测项目的试验检验结果进行核查	
				水处理设备及控制设施安装	中水箱设置		
				防腐试验与调试	防腐试验与调试		
	游泳池及公共浴池水系统	游泳池及公共浴池水工程监理实施细则	游泳池及公共浴池水工程专项工方案	管道及配件系统安装	管道给水配件材质，毛发采集集器过滤筒（网）及管道安装	对各分项工程所含检验批进行实测检查，对需试验检测项目的试验检验结果进行核查	
				水处理设备及控制设施安装	水处理设备及控制设施安装，消毒设备		
				防腐、绝热试验与调试	防腐，绝热试验与调试		
	热源及辅助设备	热源及辅助设备工程监理实施细则	热源及辅助设备工程专项工方案	锅炉安装	锅炉基础；燃油、燃气及非承压锅炉安装；锅炉烘炉和试运行；排污管和排污阀安装；锅炉和省煤器的水压试验；机械个排冷态运行；本体管道焊接。锅炉煮炉；铸铁省煤器助片破损数；电动调节阀安装；锅炉本体安装的坡度；锅炉出入口管道及阀门；链条炉排安装（坐标；中心线垂直度）；省煤器出口前后片（坐标；标高；中心线垂直度）；锅炉安装（炉排中心位置；前后；后墙板间对标高差）；链条炉排部件安装（炉排片间隙；两侧板间对角线长度之差）；往复炉排安装（坐标；标高；两侧板的标高差）；省煤器支承钢支架的位置；支承架的标高；支架架纵、横向水平度）	对各分项工程所含检验批进行实测检查，对需试验检测项目的试验检验结果进行核查	
				辅助设备及管道安装	辅助设备基础；风机试运转；分汽缸、分水器、集水器水压试验；各口水箱、密闭水箱、满水或压力试验；地下直埋油罐气密性试验；各种设备的操作通道。斗式提升机安装；风机传动机安装；除尘器安装；引风机坐标标高；联轴器同心度轴向倾斜和径向位移）。工艺管道水压试验、离心式水泵壳体水平度；水泵连接及偏差；管道允许偏差；安装水平管道、软化水器设备安装；水泵安装及试运转（送、安装坐标允许偏差、离心式水泵壳体水平度；工艺管道表面涂漆；立管垂直、成排管道间距、交叉管道水平壁的外壁的绝热层纵、横方向弯曲，立管垂直、成排管道间距）	对各分项工程所含检验批进行实测检查，对需试验检测项目的试验检验结果进行核查	

126

续表

工程分部	子分部	编制文件	审查方案	分项工程	巡视（巡视检查内容）	平行检验	旁站
建筑给水排水及供暖	热源及辅助设备	热源及辅助设备工程监理实施细则	热源及辅助设备工程专项施工方案	安全附件安装	锅炉和省煤器安全阀定压；压力表刻度极限，表盘直径；水位表安装；超压及高低水位报警装置；安全阀安装；泄水阀排气管，测压仪取源部件安装；温度计安装；压力表与温度计在管道上相对位置	对各分项工程所含检验批进行实测检查，对需试验检测项目的试验检测结果进行核查	
				换热站安装	热交换器水压试验；高温水循环泵与换热器相对位置墙及屋顶距离。设备，阀门及仪表安装；钢炉辅助设备安装（送，引风机；各种静置设备；离心式水泵）；工艺管道安装（坐标，标高，水平管道纵，横方向弯曲，立管垂直，成排管道间距，交叉管道间距，层间距）	对各分项工程所含检验批进行实测检查，对需试验检测项目的试验检测结果进行核查	
				防腐，绝热试验与调试	绝热保温材料；保温层允许偏差（厚度，表面平整度）及试验与调试	对各分项工程所含检验批进行实测检查，对需试验检测项目的试验检测结果进行核查	

表 A.0.6

房屋建筑工程通风与空调分部施工阶段质量控制监理工作清单

工程分部	编制文件	审查方案	分项工程	巡视（巡视检查内容）	平行检验	旁站
送排风系统、防排烟系统、除尘系统	送排风及防排烟工程监理实施细则	送排风及防排烟工程专项施工方案	风管与配件制作	材质种类，性能及厚度，防火风管材料及密封材料，风管强度及严密性，风管的加固，矩形弯管制作及导流片，净化空调风管，圆形空调风管，风管弯管制作，焊接风管，法兰空调风管制作，铝板或不锈钢板风管，无法兰矩形风管制作，无法兰圆形风管制作，净化空调风管	对各分项工程所含检验批进行实测检查，项目的试验检验结果进行核查	
	除尘工程监理实施细则	除尘工程专项施工方案	风管部件与消声器	一般风阀，电动风阀，防火阀，排烟阀（排烟口），防爆风阀，净化空调系统风阀，特殊风阀，防排烟柔性短管，消声器，调解风阀，止回风阀，插板风阀，防排烟柔性短管，三通调解阀，风量平衡阀，矩形弯管道流叶片，柔性短管，消声器，检查门，风口验收		

127

续表

工程分部	编制文件	审查方案	分项工程	巡视 巡视检查内容	平行检验	旁站
送排风系统、防排烟系统、除尘系统	送排风及防排烟工程监理实施细则、除尘工程监理实施细则	送排风及防排烟工程专项施工方案、除尘工程专项施工方案	风管系统安装	风管穿越防火、防暴墙、风管内严禁其他管线穿越、易燃、易爆环境风管、室外立管的固定拉索、高于80°的风管系统安装、无法兰风管系统安装、风管部件安装、手动密闭阀安装、风管严密性检验、风管连接的水平、垂直质量、铝板、不锈钢板风管安装、非金属风管安装、风管吸、排风罩安装、风口安装、隔振	对各分项工程所含检验批进行实测检查、对需试验检测项目的试验检测结果进行核查	
			风机与空气处理设备安装	通风机安装精措、通风机叶轮壳体安装、叶轮风机叶片安装、轴流风机叶片安装、风机支吊架、隔振器地面、隔振		
			送排风工程系统防腐与绝热施工	材料的验证、防腐涂料或油漆质量、电热器与防火墙2m 管道、冷冻水管道的绝热、洁净室内管道、防腐涂层质量、空调设备、部件油漆或绝热、管道阀门的绝热、管道防潮层的施工、绝热材料厚度及平整度、绝热涂料、金属保护层的施工、玻璃布保护层的施工、机房内制冷管道色标		
			防尘风管系统安装	风管穿越防火、风管系统、高于80°的风管系统、净化风管安装、风管部件安装、手动密闭阀安装、风管严密性检验、净化风管系统安装、真空吸尘系统施工、风管系统安装、无法兰风管安装、风管连接的水平、垂直质量、风管支吊架、非金属风管安装、风阀安装、净化空调风口的安装、风机安装、净化空调风系统安装		
			除尘风机与空气处理设备安装	除尘器安装、布袋除尘器接地、静电空气过滤器安装、除尘器部件及阀安装、现场组装除尘器安装、声器安装、空气过滤器安装、蒸汽加湿器安装、电加热器安装、静电空气过滤器接地、过滤器吸收、现场组装袋除尘器布置安装、空气风幕机安装		
			除尘系统防腐绝热施工	材料的验证、防腐涂料或油漆质量、电热器与防火墙2m 管道、低温风管道、洁净室风管的绝热、防腐涂层质量、空调设备、部件油漆或绝热、绝热材料厚度及平整度、风管绝热层保温钉固定、粘接固定、风管绝热层保护层的施工、绝热涂料、玻璃布保护层的施工、金属保护壳的施工		
			除尘系统调试	通风机、空调机组单机试运转及调试、制冷机组单机试运转及调试、冷却塔单机试运测、电控防水、防排烟动作试验、净化空调系统调试、系统风量调试、空调机组、系统风量调试、风机、空调机组、系统调试、水泵、水系统试运行、防、排烟系统试运行、净化空调系统调试、空调机、恒温、恒湿空调、水系统风量平衡、风口风量平衡、水系统试运行及执行机构、工程控制和监测元件工作、空调房间参数、制和监测元件及执行机构		

128

续表

工程分部	编制文件	审查方案	分项工程	巡视	平行检验	旁站
				巡视检查内容		
恒温恒湿空调系统、舒适性空调风系统、空调水系统、净化空调系统、地下人防系统、真空吸尘系统	通风与空调工程监理实施细则	通风与空调工程施工方案	风机与空气处理设备安装	空调机组的安装、静电空气过滤器安装、电加热器安装、干蒸汽加湿器安装、组合式空调机组安装、现场组装的空气处理机组安装、单元式空调机组安装、消声器安装、风机盘管机组安装、中效空气过滤器安装、转轮式热交换器安装、空气去湿器安装、蒸汽加湿器安装	对分项工程批合格验收进行及实测检查，对需试验检测项目的试验检测结果进行核查	
			空调系统防腐与绝热施工	材料的验证、防腐涂料油漆质量、电热器与防火管 2m 管道、冷冻水管道的绝热、洁净室内管道、防腐涂层质量、空调设备、部件油漆或绝热、绝热材料厚度及平整度、管道防潮层的施工、绝热与防火、管道绝热或油漆、玻璃布保护层的施工、金属保护层的施工、机房内制冷管道		
			风管系统安装	风管穿越防火、防爆墙（楼板）、风管内严禁其他管线穿越、易燃、易爆环境风管、室外立管的固定拉索、高于 80° 的风管系统、风管部件安装、手动密闭阀安装、风管严密性检验、风管系统安装、无法兰风管系统安装、风管连接的水平、垂直质量、风管支吊架安装、铝板、不锈钢板风管安装、非金属风管安装、复合材料风管安装、风阀风管安装、风口安装、变风量末端装置安装		
			空调水系统安装	系统的管材与配件验收、管道柔性接管安装、管道补偿器安装及固定支架、管道套管、管道焊接、系统试设备贯通冲洗、排污、阀门安装、系统试压、隐蔽管道验收、镀锌钢管、管道螺纹连接、管道法兰连接		
			空调冷热水系统安装	系统管材及配件验收、管道柔性接管安装、管道补偿器安装及固定支架、管道套管、系统冲洗、排污、阀门安装、系统试压、隐蔽管道验收、PVC-U 管道安装、PP-R 管道安装、PE-X 管道安装、管道支吊架、管道与金属支架同间隔绝、放空气阀与排水阀		
			管道冲洗、防腐与绝热施工	材料的验证、防腐涂料或油漆质量、电热器与防火管 2m 管道、低温风管、洁净风管、室内风管、防腐涂层质量、空调设备、部件绝热或绝热、绝热材料厚度及平整度、风管绝热保温钉固定、防烟风管保护层的施工、金属保护层完、绝热涂料、玻璃布保护层的施工		
			工程系统调试	通风机、空调机组单机试运转及调试、制冷机组单机试运转及调试、水泵单机试运行及调试、冷却塔单机试运行及调试、水系统调试、电控防水、电控空调、防排烟系统调试、净化空调系统调试、恒温、恒湿空调、系统风量调试、空调机、风机、空调房间参数、水系统试运行、水系统检测元件和监测元件及执行机构		

附录B 施工阶段安全分部分项监理工作清单

施工阶段安全分部分项监理工作清单

表 B.0.1

子分部	编制监理实施细则	审查专项施工方案	巡视	材料验收	危大工程验收
基坑工程	基坑工程监理实施细则	土石方及基坑支护施工方案（含降排水方案）	对土方开挖与基坑支护、降排水同步施工，基坑、基槽的开挖深度和开挖坡度、基坑边坡变形、土方存放、坑边荷载，挖土沟，内支撑施工与拆除、地下水回灌措施，临近建筑物和管线防止沉降措施，施工及运输通道，作业环境、软弱地基加固，挖孔桩通风，应急措施，钢板桩、安全防堆放，地基处理中换填、强夯地基，预压施工安全，安全防护，安全警示标志，安全文明施工等进行巡视检查	对钢板桩、支撑材料规格、型号，壁厚、外观质量按相关规范、合同约定及封样要求进行见证取样检验	土方开挖，基坑支护及支撑拆除，临边防护，基坑降排水，复核基坑支护变形监测
落地式脚手架	脚手架工程监理实施细则	落地式脚手架施工方案	对操作人员特证上岗，脚手架搭设场地满足稳定承载力，排水设施，立杆间距，水平杆步距，剪刀撑设置，扫地杆设置、杆件锁件、防护栏杆，安全平网、安全网围护，作业层满铺脚手板，人员上下专用通道设置，无附加荷载，连墙杆拆除、安全警示标志，连墙杆拆除顺序进行巡视检查	对脚手架扣件、构配件等按相关规范、合同约定进行见证取样检验	脚手架基础、架体与建筑物拉结，杆件、横间距与剪刀撑，脚手板与防护栏杆，横向水平杆设置、杆件连接、架体防护，层间防护，通道。落地式脚手架在以下阶段进行检查验收：（1）脚手架基础完工后，架体搭设前；（2）每搭设一个楼层高度后；（3）达到设计高度后；（4）遇有六级风及以上或大雨天气后，结有地区解冻后；（5）停用超过一个月
悬挑式脚手架	脚手架工程监理实施细则	悬挑式脚手架施工方案	对操作人员特证上岗，悬挑钢梁固定，水平杆步距，立杆间距，剪刀撑设置，锚固段与悬挑段的比值，钢梁外端设置钢丝绳，安全网围护，防护栏杆，连墙杆，施工层荷载，作业层满铺脚手板，安全平网，人员上下专用通道设置，脚手架拆卸顺序，安全警示标志，无附加荷载等进行巡视检查	对脚手架扣件、构配件、型钢材料、钢丝绳等按相关规范、合同约定及封样要求进行见证取样检验	悬挑钢梁、架体与建筑物拉结，步距及剪刀撑，脚手板，水平杆设置，架体防护，层间防护，通道。悬挑式脚手架在以下阶段进行检查验收：（1）钢梁固定及首层水平杆搭设完成后；（2）达到设计一个楼层高度后；（3）达到设计高度后；（4）遇有六级风及以上或大雨天气后；（5）结冻地区解冻后

续表

子分部	编制监理实施细则	审查专项施工方案	巡视	材料验收	危大工程验收
卸料平台、操作平台工程	卸料平台（操作平台）监理实施细则	卸料平台工作方案	对移动式操作平台的防护栏杆、平台板及安全平网设置，卸料平台的封闭，平台与结构拉结，限定荷载，安全警示标志设置，悬挑式卸料平台的封闭，钢丝绳、标牌，安全警示标牌，限定荷载标牌等进行巡视检查	对钢材、钢丝绳、构配件等按相关规范、合同约定进行见证取样平行检验	移动式操作平台：面积及高度、防护栏杆。卸料平台：支撑系统与建筑结构连接、防护栏杆、平台荷载限定标牌设置。悬挑式卸料平台：搁支点与上部拉结结点、斜拉杆或钢丝绳设置、防护封闭、平台荷载限定标牌设置
模板工程及支撑体系	模板工程监理实施细则	模板工程施工方案	支架高宽比、连墙杆、立杆底座垫板、底座、扫地杆设置、施工荷载及自由端长度、模板存放和吊装安全、墙模斜撑、快拆体系和防护、装配式混凝土结构支撑体系拆除、作业环境、安全警示标志等进行巡视检查	对模板、扣件、杆件、可调托螺杆、杆件步距、立杆托螺杆长度等按相关规范、合同约定进行见证取样和平行检验	支架高宽比、连墙杆、纵横向水平剪刀撑、杆件步距、间距、立杆底部垫板、底座、立杆顶部自由端长度、可调托螺杆长、扫地杆设置等
施工用电工程	施工用电监理实施细则	施工组织设计、施工方案	对操作人员持证上岗、外电防护、保护零线设置、重复接地设置、敷设线路、短路过载保护、配电线路、三级配电两级保护、漏电保护器参数、施工设备的接地、配电箱内电路图、安全防护和防雨措施、电箱之间及与设备安全距离、安全警示标志等进行巡视检查	对配电箱、漏电保护器等按相关规范、合同约定进行检验验收	
高处作业 "三宝、四口" 临边防护	高处作业 "三宝、四口" 临边防护监理实施细则	高处作业施工方案	对安全帽、安全带、密目网或定型钢板网封闭、临边防护、洞口防护、电梯井安全平网、防护棚设置、防护栏杆、安全警示标志配备和措施等进行巡视检查		
冬雨期施工	冬雨期施工监理实施细则	冬雨期施工方案、防汛预案	对高温防控措施、雨季防滑、冬期防滑防冻等措施等进行巡视检查		
消防安全	消防安全监理实施细则	施工现场临时消防施工方案	对消防火栓、灭火器等防火分隔、防火间距、消防通道、办公区、生活区和施工区的防火、消防水源、生活区用电、灭火器配置、明火作业、动火监护人员配备、易燃材料加工场、材料堆场、危化品的存放位置和安全距离等情况进行巡视检查		
施工机具	施工机具监理实施细则	施工机具施工方案	对一机一箱、漏电保护装置、安全防护罩、防雨棚、气瓶安全装置、噪声、环保等进行巡视检查		
安全文明施工	安全文明施工监理实施细则	安全文明施工方案	对现场围挡封闭管理、场地硬化、车辆冲洗、作业区与非作业区间隔、危险区域安全警示标志牌、危险性较大工程公告牌、扬尘治理等进行巡视检查		

附录C 起重机械及自升式设施监理工作清单

起重机械及自升式设施监理工作清单

表C.0.1

子分部	编查监理实施细则	审查专项施工方案	巡视	设备核查	危大验收
塔式起重机	起重机械安拆、使用安全监理实施细则	塔式起重机安装、拆卸施工方案、群塔作业施工方案	对安装、拆卸作业人员及司机、指挥持证上岗、信号标志、安全警示标志、基础排水、检修和保养等进行巡视检查	对起重机械特种设备制造许可证、产品合格证、备案证、建筑起重机械安装单位、使用单位产权单位的资质证明、安全生产许可证书、特种作业操作资格证书、进场人员的特种作业操作资格证书的对应性、外观质量、基础验收资料、设备检测进行核查，对塔式起重机基础混凝土试块按规定见证取样	施工单位在安装完成后应委托第三方检测单位进行现场检测，出具检测报告后由工程总承包或使用单位组织监理、安装、产权单位进行联合验收。施工单位完善验收程序后方可进行升顶作业。塔式起重机顶升前，施工单位应向项目监理机构提交顶升申请。验收主要内容：吊钩、钢丝绳、附着装置、电气安全、多塔作业安全距离、基础及排水
施工升降机	起重机械安拆、使用安全监理实施细则	施工升降机安装、拆卸施工方案	对操作人员持证上岗、防护围栏、出入口防护棚、停层平台门、扶墙架与结构连接、操作棚设置、安拆警戒防护措施、安全警示标志牌、检修和保养、防坠落装置检测定期等进行巡视检查	对起重机械特种设备制造许可证、产品合格证、备案证、建筑起重机械安装单位、使用单位的资质证明、安全生产许可证书、特种作业操作资格证书、进场人员的特种作业操作资格证书的对应性、外观质量、基础验收资料等进行核查	施工单位在安装完成后应委托第三方检测单位进行现场检测，出具检测报告后由工程总承包或使用单位组织监理、安装、产权单位进行联合验收。施工单位完善验收程序后方可进行作业。验收主要内容：防护设施、地基基础承载力、排水设施、电气安全、通信安全、避雷装置、接地电阻测试
起重吊装	起重吊装监理实施细则	起重吊装施工方案	对操作人员持证上岗、荷载限制、钢丝绳磨损、信号指挥、作业警戒监护措施等进行巡视检查		验收主要内容：钢丝绳、卷筒、吊钩、索具、作业环境、构件码放、信号指挥、警戒监护

132

续表

子分部	编查监理实施细则	审查专项施工方案	巡视	设备核查	危大验收
高处作业吊篮	吊篮作业安全监理实施细则	高处作业吊篮安装拆卸和使用施工方案	对特种作业人员持证上岗，悬挂平台护栏、悬挂装置支点、配置、防坠落装置（安全锁）检测标定期、额定载重量，工作及安全钢丝绳外观质量主要等进行巡视检查	对吊篮生产许可证、产品合格证、安装使用说明书、备案证明，进场设备与证明文件的对应性、外观质量进行核查	施工单位在安装完成后应委托第三方检测单位进行现场检测，出具建设使用单位安装质量检测报告后由工程总承包单位或使用单位组织安装监理联合验收，吊篮在同一工况进行二次移位安装后，应再次进行验收。验收主要内容：悬挑机构、吊篮平台、钢丝绳
附着式升降作业安全防护平台	附着式升降作业安全防护平台监理实施细则	附着式升降作业安全防护平台施工方案	对附着式升降作业安全防护平台操作人员持证上岗，架体高度、宽度、自由端高度、支承跨度、主框架支座数量、固定螺栓数量、防坠装置、防倾覆装置、同步器、控制箱、架体安拆、架体提升、升降及拆卸警戒措施，安全警示标志等进行巡视检查	对设备、构配件产品合格证、型式检验报告进行核查	施工单位在安装完成后应委托第三方检测单位进行现场检测，出具建设使用单位安装质量检测报告后由工程总承包单位或使用单位组织安装监理联合验收。验收主要内容：架体构造、附着支座、脚手板、架体防护、通道。附着式升降作业安全防护平台在以下阶段进行检查验收：（1）脚手架安装就位后；（2）每次提升前；（3）每次提升就位后；（4）每次下降前；（5）下降就位后；（6）遇有六级风及以上大风或雨雪天气后、结冻地区解冻后
整体提升钢平台模架	整体提升钢平台模架监理实施细则	整体提升钢平台施工方案	对操作人员持证上岗、钢平台承载、安全通道、安全防护、安拆警戒措施等进行巡视检查	对设备、构配件产品合格证、型式检验报告进行核查	施工单位在安装完成后应委托第三方检测单位进行现场检测，出具建设使用单位安装质量检测报告后由工程总承包单位或使用单位组织安装监理联合验收。验收主要内容：架体构造、附着支座

参考文献

［1］中国建设监理协会.建设工程监理概论［M］.北京：中国建筑工业出版社，2020.

［2］中国建设监理协会.建设工程合同管理［M］.北京：中国建筑工业出版社出版，2020.

［3］中国建设监理协会.建设工程质量控制（土木建筑工程）［M］.北京：中国建筑工业出版社，2020.

［4］中国建设监理协会.建设工程投资控制（土木建筑工程）［M］.北京：中国建筑工业出版社，2020.

［5］中国建设监理协会.建设工程监理合同（示范文本）应用指南［M］.北京：知识产权出版社，2012.

［6］中国建设教育协会.监理员专业基础知识［M］.北京：中国建筑工业出版社，2007.

［7］中国建设教育协会.监理员专业管理实务［M］.北京：中国建筑工业出版社，2007.

［8］全国造价工程师职业资格考试培训教材编审委员会.建设工程造价管理［M］.北京：中国计划出版社，2019.

［9］山东省建设监理与咨询协会.建设工程监理工作标准T/SDJZXH 001—2021［S］.北京：中国建筑工业出版社，2021.

［10］上海市建筑施工行业协会工程质量安全专业委员会.施工现场十大员技术管理手册［M］.北京：中国建筑工业出版社，2016.

［11］北京市建设监理协会，北京市建设工程安全质量监督总站.建设工程见证取样实施指南［M］.北京：中国建材工业出版社，2016.

［12］贵州省建设监理协会.建设工程安全生产管理监理工作实务［M］.北京：中国建筑工业出版社，2020.

［13］南京市建筑安装工程质量检测中心，南京市政公用工程质量检测中心站.建设工程质量检测见证取样一本通［M］.北京：中国建筑工业出版社.2014.

［14］质量员一本通（第2版）编委会.质量员一本通（第2版）［M］.北京：中国建材工业出版社，2013.

［15］丁士昭.工程项目管理（第二版）［M］.北京：中国建筑工业出版社，2014.

［16］王文睿.手把手教你当好测量员［M］.北京：中国建筑工业出版社，2015.

［17］王东升.建设工程项目监理［M］.徐州：中国矿业大学出版社，2009.

［18］王东升，李世钧.建设工程项目监理实务［M］.北京：中国建筑工业出版社，2021.

［19］王宏新，赵庆祥，杨志才，等.第三方实测实量［M］.北京：中国建筑工业出版社，2017.

［20］李明安.建设工程监理操作指南（第三版）［M］.北京：中国建筑工业出版社，2020.